各方赞誉

朴实无华，又珍贵无比，这本书会帮助父母理解自己的内向孩子，并促进他们的全面发展。这么看来，我们也需要一本送给外向的人。

——伊丽莎白·墨菲（Elizabeth Murphy），教育学博士，《发展中的孩子》作者，孩子用墨菲－美思盖尔指示器的共同发明人

见解深刻，对于理解内向孩子，和他们相处，作者给出了满满的特别建议。家长，教育工作者，还有任何与孩子打交道的人，都应该读一读这本《内向孩子的潜在优势》。

——詹姆斯·W.戴维斯，教育进步学会的共同创建者

兰妮博士把非常复杂的概念表达得易懂易读。任何人，不管他是想帮助自己还是别人提高生活的技巧，这本非同寻常的新作都值得他特别的留意。

——巴里·穆尼茨（Barry Munitz），J.保罗·盖提信托基金会董事长和首席执行官

兰妮博士的研究极有价值，如同清新的空气一般。总是遭遇误会的内向性格终于可以被大家接受，也被大家欣赏了。在如何发展孩子的天赋方面，这本书给父母们提供了实用的指引。一本必读书！

——康妮·莉莉亚斯博士（Dr. Connie Lillias），心理健康训练基金会中心主管，零到三基金会资深会员

应用兰妮博士富有同情心和睿智的建议，我们就可帮助年轻人使用和发展他们的宝贵财富。一座富矿……

——瓦莱丽·亨特（Valerie Hunter），罗伯特·伍德·约翰逊基金会减少药物滥用提升领导力国家计划办公室副主管

内向性格的12大优势

❶ 内向的人拥有丰富的内心生活

❷ 内向的人懂得停下来品味生活

❸ 内向的人热爱学习

❹ 内向的人善于创造性思维

❺ 内向的人擅长艺术创作

❻ 内向的人情商很高

❼ 内向的人天生精通谈话的艺术

❽ 内向的人乐于自处

❾ 内向的人拥有可喜的谦虚态度

❿ 内向的人容易养成健康的习惯

⓫ 内向的人是好公民

⓬ 内向的人是良友

美国心理学会推荐家长必读的教育经典

内向孩子的潜在优势
帮助你的孩子在与外界的融洽协调中茁壮成长

【美】马蒂·奥尔森·兰妮 心理学博士　Marti Olsen Laney, Psy.D. 著
赵曦　刘洋　译

上海社会科学院出版社
SHANGHAI ACADEMY OF SOCIAL SCIENCES PRESS

献 辞

我们要聆听内心的声音,而不是被外部世界所遥控,去跟内心深处的自己斗争。

——迈克尔·帕斯托(Michael Pastore)

本书献给所有内向的孩子们,也献给那些暂时无法聆听他们声音的成年人。

目 录
contents

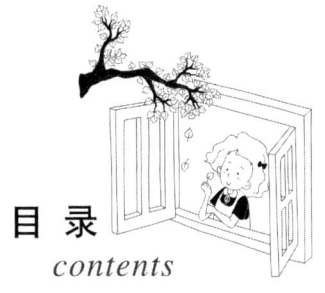

引　言　准备出发 _ i
　　　　内向的孩子：重视内心感受

第一部分　了解差异

第 1 章　你家烟囱里掉下个内向小孩吗？_ 3
　　　　什么是内向？什么又不是内向？

第 2 章　内向、外向的生理基础 _ 19
　　　　大脑的生理结构创造了内向和外向的气质

第 3 章　在外向的世界中内向性格的优势 _ 47
　　　　学习让孩子的潜在天赋更为显明

第二部分 用根基和希望养育内向的孩子

第 4 章 让情感坚韧起来 _ 71

密切亲子联系，让孩子体会到一个安全的大后方

第 5 章 内向孩子的看护和饮食 _ 92

生活规律让内向孩子获得能量，促使他们茁壮成长

第 6 章 游戏、谈话和休闲的艺术 _ 111

鼓励日常闲聊、创意性的游戏、分步做决定和抗压技巧

第三部分 家庭的差异性

第 7 章 家庭气质探戈 _ 129

通过肯定和欣赏每个成员的舞步增进家庭和睦

第 8 章 改善兄弟姐妹的关系 _ 150

鼓励理解、明确界限及缓解竞争

第 9 章 延伸的家庭树 _ 161

培养与祖父母、其他家庭成员、朋友和看护人员的亲密关系

第四部分 挖掘潜质

第 10 章　课堂上的内向孩子 _181

一旦了解了内向孩子的最佳学习方式,你就能帮助他畅游学海

第 11 章　学校和运动场上的内向孩子 _202

协助老师,帮助孩子学习、完成家庭作业、预备上大学和参加体育运动

第 12 章　内向孩子的社会交往 _217

内向的孩子如何看待友谊?他们会怎么做

第 13 章　鼓励孩子强化社交技能 _234

通过练习,即使面对困难处境,也让孩子能做到沉着和自信

第 14 章　社交困境 _253

帮助孩子面对冲突、欺凌和其他挑战

结　论　思　考 _268

附　录　容易与内向性格引起混淆的疾病和异常 _274
致　谢 _277
原书推荐选读书目 _278

引 言

准备出发

> 内向的孩子：重视内心感受
>
> 我是苹果堆里的一只梨。
>
> ——电影《滑稽女孩》（Funny Girl）台词

我们先来认识一个孩子，她和我见过的内向孩子有很多相似之处。她的年纪很小，却常常被生日聚会这类能让小孩子兴奋异常的活动搞得无精打采。去别人家时，凳子还没坐热，小家伙就开始拽妈妈的袖子，硬是要回家。在幼儿园里，她喜欢看着别的孩子玩，如果想加入进去一起玩，她就会先观察一阵子。在照片当中，她的表情好像有些疑惑，有时甚至像要哭了一样，或者像是要躲到旁边的门里或树丛里一样。

对她来说，上学意味着离开温暖的家，然后到一个巨大、嘈杂、充满恐惧和困惑的地方，那里活像一个让人眼花缭乱的大马戏场。她听不清老师说话，甚至无法思考。她知道她在家里的时间安排，可是一旦要当着同学的面把它讲出来，她的大脑就一片空白。她讨厌聚集的人群，害怕被老师提问。到了二年级的时候，她想出了一个在课堂上减轻焦虑的好办法：当老师在班上找人回答问题时，她就用掉东西来"打掩护"，她先是"一不小心"掉了一根铅笔，然后又钻到桌子下面"苦苦"寻找，当某位思维敏捷的同学回答完问题时，她又会神奇般地找到铅笔，然后坐起身来。

尽管她在学校非常安静，但回到家里以后，她却能把妈妈的耳朵磨出茧子来。她自己也不明白，为什么自己有时候话多得像只麻雀，有时候却一句话也说不出来，就像被女巫夺去声音的美人鱼一样。

我怎么知道这么多关于这个小女孩的故事呢？因为她就是曾经的我。我跟大多数性格内向的孩子一样，习惯按自己的节奏做事情，而不善于跟外部世界打交道，那会把自己搞得筋疲力尽的。这种对外部世界的不同体验使我对自己产生了很多看法。因为别的孩子玩的时候我总是不敢加入进去，所以我觉得自己是一个奇怪的人。因为我虽然懂但当时却回答不出，所以我觉得我的记忆力有问题，或者我的脑子不太好使。因为和别人在一起时候我总是不说话，所以我觉得我的存在好像没有价值。

很多性格内向的孩子都会得出类似的看法，而这也是我想帮他们做出改变的地方。我从我自己的经历和我20多年的临床实践中认识到，内向的孩子没有任何智力或记忆力方面的缺陷。他们不需要把自己贬低为难以为社会和学术做出贡献的人。实际上，他们的贡献非常大。只是，内向的孩子确实需要父母和他人的支持和帮助来充分展示自己的能力。我们要认识到，我们生活在一个变化迅速、充满各种刺激的纷繁世界当中，它更适合外向孩子的节奏。不过，只要理解了内向性格的特点，老师、家长和其他家庭成员就能帮助性格内向的孩子充分利用他们出色的脑力和其他方面的优势。

继续讲我小时候的事情。那时我虽然不怎么爱讲话，却破天荒地跟许多老师交了朋友。我们一起聊时下热门的事情，包括班里的事情，还有课堂上学的东西。我也询问他们的生活经历，然后听他们怎么回答。

有的老师带我去看《西区故事》，有的带我去听歌剧。那位带我去听歌剧的老师还送我《阿依达》的唱片，这是我的第一张歌剧唱片，拿在手里，心情非常激动。回首往事，我想，这几位老师可能就是内向的人，他们把我看成了他们的同类。不过，更为重要的是，我从这些坚实的友谊当中得出了下面的结论：当我和他人一对一交往的时候，世界将会为我呈现出无限的精彩。

内向性格的另一面是注重深度、自我意识和亲密的友谊。性格内向的人比较专注，随时准备倾听，能够很好地理解他人。小时候，没有人逼迫我非得像外向的孩子那样去玩耍。我有我自己的节奏，我接受我自己，所以我能健康成长。对父母来说，把孩子的环境改变一下非常容易，但是对孩子来说，改变则有可能意味着从烦恼转变为接纳，乃至欢喜。

帮助你的孩子

很多读者告诉我说，看了我的第一本书《内向者优势》(The Introvert Advantage)后，他们产生了强烈的共鸣。他们常说："我多么希望我小时候能知道这些事情啊，这样我就不会这么多年来总想着自己有问题了。"听到那么多在成长过程中遭到误解和忽视的故事，我的心隐隐作痛。与我谈话的性格内向的成年人希望他们的家人、老师、同事、牧师都能理解他们内向的天性，并且进一步帮助他们。他们感受到的疏离和孤独是触目惊心的，因为这完全没有必要。

内向孩子的父母不断问我，怎样做才能帮助孩子成长。虽然有这种愿望，但他们不知道孩子需要什么，或者不知道自己怎样做才能满足这些需要。我也从性格内向的家长那里听到，他们外向的孩子总是把他们搞得焦头烂额。我的目标是弥合内向和外向之间的鸿沟，并且让父母和其他看护者能够听懂内向孩子的"语言"，并且学会运用它们。我观察他人对我的内向的孙女的反应，我也在我的心理治疗实践中了解性格内向的孩子和他们的父母。同时，我也深深地记得，曾经是一个内向孩子的自己是如何挣扎着一路走过来的。

我从内向孩子的父母和其他看护者那里听到最多的问题就是："如果他们一直这样下去，他们能在这个外向的世界中取得成功吗？我们是不是要让他们变得更外向一些？"我对这个问题的回答是："不要，一定不要！"尝试把一种新的性格强加到内向孩子的身上只会损害他的自尊，增加他的负疚感和耻辱感，甚至导致严重的羞怯感。实际上，性格内向的孩子会给你带来惊喜，你应当接受他们本来的样子。如果你滋养他的天性，他的天赋就能得到发挥。内向和自信并不是互相排斥的，自信的内向孩子长大后能让他们的生活充满意义、价值和创造力。

不过，性格内向的孩子通常是"大器晚成"者。这是因为，他们大脑的心理定向（mental orientation）机能最晚发育成熟。（不要慌，我会在第2章里详细解释这一点）他们的脑神经系统适合从事艺术和需要进行长期训练的专业职业。性格内向的人在以下领域中大放异彩：科学、建筑、教育、计算机科学、非团体运动、心理学、视觉艺术、文学、戏剧以及——你可能不相信——军事。这是因为，性格内向的人有出色的专注能力，他们喜欢向问题的深处探索。与日常观念不同的是，性格内向的人也可以是首席执行官、销售人员、演员、电视主持人、娱乐明星、体育明星或政治家。如果成年人能帮助内向的孩子认识到自己的长处并鼓励他们珍视自己的能力，他们的童年就不会在痛苦和迷惘中度过。当内向的孩子得到他们所需的帮助后，他们的潜能就会得到发挥，而所有的人也将从中获益，因为，这个世界会因为他们的存在而更加美好。

我是如何写这本书的

认识真实的自己，成就独特的你。

——达里奥·纳迪（Dario Nardi），世界知名神经科学专家当我的第一本书出版后，我见到了许许多多从美国、加拿大各个地方赶来的性格内向的人，并同他们谈话。我也收到了几千封来自世界各地的内向人们的电子邮件，里面都是他们的想法和感受。此外，我也访问了许多父母、老师，最重要的是，还有很多性格内向的孩子，并详细地询问了他们各自的经历。

同时，我也认真阅读了最新的研究资料。研究人员发现，长期以来，在所有得到研究的性格特征当中，内向/外向性格连续体是最有预测性的。这种性格维度的可靠性也带来了下面的问题：内向性格和外向性格的生理基础是什么？这一问题引发了数以千计的科学研究，这些研究的目的是找到决定内向和外向的生理过程。过去，我们仅有一些理论，像迈尔斯—布里格斯个性类型测量（MBTI）等人格类型测验，以此来分辨人的气质。现在，我们有了更加科学也更加精确的工具，比如核磁共振成像（MRI）、正电子断层扫描（PET）、发生脑损伤的中风病人的研究数据以及长期的双胞胎研究来帮助我们理解、探索和呈现大脑和身体的工作机制。

有一些研究对内向性格的性质和起源作了很有启发的探索，我非常关注它们。这些研究表明，性格内向有其生理基础。它们也验证了我的观点：妄图把内向的孩子改变为外向的孩子不仅有害，而且也是徒劳的。在外向孩子看来非常容易的交往方式，在内向孩子的眼里可能十分困难，所以内向的孩子会自惭形秽。内向性格的科学依据能够让内向的孩子和他们的父母确认：孩子没有任何问题，他们在社会交往中遇到困难并不是能力不足或者不愿努力的结果。

生理和心理方面的海量研究大多无法为普通大众所知晓（除非它们吸引了媒体的关注）。我已经尽力把关于内向性格的各个领域的研究结果写进了这本书当中。这些领域包括生理学、解剖学、神经科学、教育学、减压研究、个性研究、创造力研究、早期教育、精神分析、遗传学、认知科学、进化心理学、成瘾研究和社会学。我也访问了许多父母、老师和性格内向的孩子,并详细询问了他们的经历。

尽管每一个性格内向的孩子都是独特的,但他们也有很多共同点。性格内向的孩子拥有丰富的内心世界,了解他们的过程仿佛是一段无比奇妙的旅程。这个过程并不困难,而且收获将是非常巨大的。随着孩子的自信逐渐增长,逐渐认识到做一个性格内向的孩子是一件很好的事情,并且学着在外向的世界中茁壮成长,这时,身为父母的你的生命也将得到极大的丰富。

他们是性格内向的人,想得到吗?

大耳朵的人有大名声。

——电影《小飞象》

你可能会认为,那些演员、明星、总统和其他吸引人眼球的人是性格外向的人。然而,许多著名的人物都是性格内向的人,比如下面这12位:

- 约翰尼·卡森,著名脱口秀主持人。《俄勒冈人》评论说:"卡森是一个性格内向的人,来自美国中西部,擅长掌握幽默的时机。"
- 戴安·索耶,著名主持人。她说:"人们说,我每天上电视,肯定不是性格内向的人,但是他们错了。"
- 沃伦·巴菲特,投资大师。罗伯特·哈格斯壮在《沃伦·巴菲特的路》一书中说:"沃伦·巴菲特是一个非常谨慎的内向的人。"
- 朱莉娅·罗伯茨,著名演员。她的大部分午休时间都在打盹。她说:"打盹儿让我感觉非常好。"
- 约翰尼·德普,著名演员。有人问他为什么搬家去法国,他说:"为了简单,真的,那里没有那么多聚光灯。"
- 迈克尔·戴尔,戴尔公司前首席执行官。《商业周刊》把他描述为内向孩子的最常见的弱点是容易迷失在自己的内心世界当中，并为外部世界所遗忘。当父母重视和孩子对话并且努力倾听时，内向孩子的内心想法就更容易接近外部世界。在成长的过程当中，如果内向的孩子在家庭互动中感受到幸福，感觉到自己被家人所接受，他们就会相信自己，并且拥有坚实的自信，他们就能在丰富的内心世界和外部世界中游刃有余。他们就会懂得如何保存精力，调节环境的刺激强度。继续寻找内向孩子的行为原因，了解为帮助他们发挥潜能需要做哪些事情吧。

"走极端的内向者"。

- 杰奎琳·肯尼迪，美国人心中最美的前第一夫人。蒂纳·弗莱厄蒂在《杰基教给我们的事》一书中谈道："她会站在你的一边，认真倾听，让你觉得你将要说的话是这个世界上最重要的事情。"
- 比尔·盖茨，微软公司创始人。沃尔特·艾萨克森在《寻找真实的比尔·盖茨》中描述道，在他六年级的时候，他的性格外向的母亲觉得他应当去接受心理咨询。她不理解他为什么总是在车库里泡着。当她问他在做什么的时候，盖茨扔回一句："思考。"
- 史蒂夫·马丁，著名演员。在《史蒂夫·马丁：魔幻岁月》一书中，他的老朋友莫里斯·沃克说："马丁现在已经是一位艺术大师了。人们都知道，他总是把自己关在画室里，一关就是几个小时。他在里面放松思想，寻找灵感。他是非常注重私密的内向的人。"
- 基努·里维斯，著名演员。《娱乐杂志》说："他是好莱坞最内向的人。"
- 奥黛丽·赫本，电影巨星。她对记者说："我是一个内向的人。"
- 琼·艾伦，著名演员。她说："我的事业不是一下子发展起来的，这种方式非常适合我的性格。"她的公司就叫作 Little by Little（意思是一点一点进步）。

第一部分

了解差异

> 如果你不站在他人的角度考虑问题,你就永远无法真正理解一个人。
>
> ——哈珀·李(Harper Lee),
> 《杀死一只知更鸟》作者

　　内向的孩子知道，他们有一个内心的世界，这个世界鲜活生动，从来没有离开过他们。他们并非总是去寻求他人的帮助，而是依靠内心的资源指引生活。在远离物质世界、私密的心灵花园中，他们全神思考，梳理自身纷繁的思绪和情感。

第 1 章

你家烟囱里掉下个内向小孩吗？

什么是内向？什么又不是内向？

人们常常对自己的个性无知，人们需要通过他人认识自己。

——荣格，著名心理学家、精神分析学家

10岁的马修有时看上去判若两人。他是个恋家的孩子，喜欢他的狗狗们，还对许许多多的东西感兴趣，尤其是与大自然和动物有关的东西。在熟悉的环境中，马修精力充沛，非常健谈。他会兴致勃勃地向每个客人讲述鸟儿如何吸引它的同伴，还会跟他们讲自己的新宠物——一只刚出生三天的小马驹。但到了其他地方，他常常会变得比较安静，面无表情，一动不动，只有细心观察之后才会有所行动。放学以后，马修喜欢和他的朋友山姆一起玩，不过要是在吵闹的体育馆里待得太久，他就会抱怨，因为孩子们都挤在那儿做作业。"我没法儿集中注意力。"他叹了一口气说。

马修属于性格连续体中定义的内向。他天生的能量、感知和决策都向内投射到他个人的思想、情感和观念世界里。他喜欢对事物进行深入的思考，因为这样能激励并充实自己。他也乐意与他人分享自己的想法和感受，但太多的外部活动会让他能量殆尽。

奥斯汀也是10岁，他是个藏不住事的孩子。放学后妈妈接他回家，一上车他就开始滔滔不绝地说起这一整天他都做了些什么，在路上还向车窗外的小伙伴们大声喊着打招呼。他不仅健谈，善于表达，而且不用费力劝说就能主动尝试新事物。在回家的路上，奥斯汀就迫不及待地想知道，回家后他们还要做些什么。他的朋友艾伦能过来玩吗？这么好的一天只窝在家里太可惜了！他还喜欢在餐桌旁做作业，因为这样就不会错过周围所有好玩的事情了。

奥斯汀属于性格连续体中定义的外向。他的精力从内向外发散到一个充满形形色色的人、事物和活动的外部世界。他扫描外部环境找寻刺激，被熙熙攘攘的喧闹所吸引，这让他感觉浑身是劲。独处太久反而会让他萎靡不振。

很多人脑海里的内向的人和外向的人是这样的：在一个聚会上，那些一直待在阴暗角落里、紧挨着墙壁、与那些茂盛的花花草草为伍的就是内向的人。而把颜色鲜艳的灯罩当帽子戴在头上、凡事都要插上一嘴、试图成为焦点的就是外向的人。不过内向和外向并不一定由行为表现来划分。更确切地说，这两个术语反映了一个人的能量来源和注意力的指向。马修和奥斯汀都是聪明伶俐、惹人喜爱的孩子，随着环境的变化，他们都有可能表现出活泼开朗的一面和安静忧郁的一面。

实际上，内向是一种与生俱来的气质，它由你的孩子的基因构成所决定。气质本身并不等同于人格，它是一系列特质的集合体，这些特质决定了人在面对特定环境时的反应和行为模式，而这种模式往往伴随人的一生。内向的人通常喜欢可以掌控、具有轻微刺激性的事情，外向的人大量寻求惊险刺激的活动。内向的人可能会深入研究某些问题，外向的人倾向于广泛尝试各种不同的事物。内向的人做出正确反应之前常常需要时间来调整自己的情绪，而外向的人更可能立即做出反应。人的气质无法随意改变，但了解孩子的气质可以帮助你更好地培养他的长处，并尽量减少他在成长过程中的烦恼。

在美国，外向人数是内向人数的三倍之多。但外向和内向并不总是非此即彼的关系，大多数人都兼具内向和外向这两种气质。为了理解这一点，我们可以假设有一条连续的性格谱线，"纯粹"内向的人和"纯粹"外向的人分别位于谱线的两端，那么，大多数人就位于谱线中间的某个位置。再打个比方，我们可以把内向、外向想象成习惯用左手和习惯用右手的人。一个习惯用右手的人还是会使用他的左手，他只是以使用右手为主。当然，这个比喻只能给我们解释这么多。正如我前面提到的，内向的人和外向的人分布在同一条连续的性格谱线上。有些内向的人非常内向，有些却并不那么内向。这种程度上的差异也存在于外向人的身上。同时，由于能量的消长，一个内向的人的内向气质也会因时间不同而发生变化。我很喜欢刚才那个左右手的比喻，因为我们都能想象得到，当我们不得不长时间使用那只不方便的手时，那会是一种怎样的感受。当内向的人尽力去迎合外向世界的期望时，他们所体验到的正是类似的感受。

能量是主要差别

一个内向的孩子与他的外向的同伴之间最主要的差别在于他获取、消耗和保存能量的方式。我们每个人都有体会，有的时候自己精神百倍，有时候又萎靡不振。内向的孩子从内心吸取能量，他需要与自己的思想、情感和知觉进行沟通，这样才能保持活力和身心平衡。太多的外部刺激，比如活动、噪音和谈话声都会消耗他的能量，让他精疲力竭。与此相反，外向的孩子从外部世界获得能量，当周围充斥着人群和冒险活动的时候，外向的孩子是最快乐的，而过度的安静和独处则会让他打不起精神。

我把内向的人叫作能量积蓄者，他们像充电电池一样，需要"休整时间"来恢复自己的能量储备。外向的人是能量消耗者，他们的座右铭是："冲！冲！冲！"内向孩子和外向孩子都需要先天气质的某种平衡：内向的人需要适度参与外部世界，否则就会变得自卑，或者完全迷失在自己的内心世界里；同样，如果缺乏适当的休息和安静的思考，外向的人也会发现自己终日忙碌，疲于奔命。

每个人的神经系统都能以内向和外向这两种反应方式进行工作。如果你的孩子不具备这种能力，他就无法感知自己内心的想法，也无法与外部世界协调一致。人体的机能就像跷跷板，这一头翘起来，那一头就落下去。人体的各个机能都有一个开关，按"开"，功能启动，你就开始"加速"；按"关"，功能关闭，你就开始"减速"。外向的反应方式会激励孩子投入行动，而内向的反应方式则会让他冷静下来进行休整。细心的父母应该帮助孩子：1.学会如何养精蓄锐；2.在内外刺激的交替中保持平衡。

内向一词从哪儿来

播下一粒种子，就是播下一粒希望。

——佚名

长久以来，人们都试图解释气质之谜。希波克拉底时代的希腊人注意到，人的行为模式可以大致分为几种。他们认为，这种情况是由于大脑和身体里面存在或缺少某种体液所造成的。最终，他们确定了四种与内脏活动有关的"体液"——血液、黏液、黄胆汁和黑胆汁。古希腊人把这四种体液分别与自然界中的四种元素（火、水、气、土）相对应。

他们断定，人的气质和疾病与身体里这些体液或元素的平衡程度有关。人类性格的早期观察者们注意到，有些人关注外部世界，性情浮躁，动作迅速；而另一些人则关注内心世界，性格沉稳，动作迟缓。这一气质的区别在古希腊作家伊索的经典寓言《龟兔赛跑》里得到了诠释。也许你还记得，故事里的兔子和乌龟决定要赛跑。兔子跑得快，所以非常自负，觉得自己能轻松取胜，于是在比赛中开小差睡大觉；而乌龟则埋头苦干，最终出人意料地成了比赛的赢家。这个家喻户晓的故事反映了早期时代的人对气质差别的认识。

20世纪中期心理测评的发展证实了人格特质与倾向有长期性和连续性。简而言之，这些特质和倾向正是我们自身的一部分。其他得到研究的气质分类还包括：开放性思维与封闭性思维、思维与情感、神经质与精神健康、易怒与随和以及侵略与合作。诸如明尼苏达多项人格分析（MMPI）、加利福尼亚心理测量（CPI）和迈尔斯—布里格斯个性类型测量（MBTI）一类的测评在教育、商业与临床领域中被广泛应用。但是，知晓气质的存在是一回事，理解其来源却是另一回事。

今天我们已经认识到，在理解气质方面，古希腊人把大脑与身体机能联系起来的方式是正确的。基因影响大脑的组织方式（化学物质、神经回路、重要区域），而后者又进一步影响身体进行反应和应答的方式。这便造就了孩子们的行为所表现出的各种各样的气质。

内向孩子与外向孩子具有不同的神经传导回路，这使他们在以下方面的表现截然不同：

● **信息处理方式**：内向的孩子使用了整合无意识信息与复杂信息的较长的脑回路。因此，与外向的孩子相比，他们处理信息的时间稍长。不过，内向的孩子也能把更多的与新信息相关的思维与情感内容整合到一起。

● **身体反应方式**：内向的孩子更难让身体活动起来，因为神经系统中要求有意识思维的那一面主导着他们的身体。换句话说，要行动，他们必须有意识地对身体发号施令:"身体,动起来!"

● **记忆系统**:较之短时记忆,内向的孩子更习惯使用长时记忆,这给他们提供了大量的资料储备。但是,从散布于大脑各处的存储库中提取和重组记忆也相当耗时。

● **行为方式**:在陌生的环境中,内向的孩子易于行动迟疑;在紧急情况下,他们有可能愣住不动,失去行动能力。

● **交流方式**:经过信息搜集和分析,对自身的想法和感受得出结论后,内向的孩子才会发言。

● **注意力指向**:内向的孩子有高度敏锐的观察力,喜欢深入研究感兴趣的事物。

● **能量恢复方式**:内向的孩子需要低刺激的环境重蓄能量。

什么不是内向

自从"内向"一词诞生后,内向的人就一直遭受着他人的误解。在一定程度上说,"内向"这一概念刚一出世就被"偷换"了。在20世纪最初几年,三位著名的心理分析学家和见解独到的思想家——荣格、阿德勒和弗洛伊德,在心理领域进行合作研究。荣格创立了人格类型学说。同时,基于他观察到弗洛伊德和阿德勒两人对患者的症状持有相反的观点,他发明了两个新词:"内向"和"外向"。在荣格看来,阿德勒重视患者的内心世界,而弗洛伊德则强调外部世界及其影响。荣格把阿德勒的内在性关注称为"内向",把弗洛伊德的外在性指向称为"外向"。荣格认为,这两种解释路径都是合理的,每一种指向都反映了健康的、与生俱来的气质类型。

随后,这三人却和睦不再。最有声望的弗洛伊德对荣格和阿德勒的质疑愤愤不平。熟知两人都是内向的人,他开始撰文贬低内向,将其定义扭转为"过分以自我为中心""避世"与"自恋"。由于弗氏理论读者众多，又被广泛研究，于是对"内向"一词的转义和误解被普遍接受。遗憾的是，如此误解延续至今。（顺便提一下，阿德勒后期构想的突破性理论"自卑情结"也同样为弗洛伊德所贬低。）

在这个大脑研究方兴未艾的年代里，混淆与分歧比比皆是，这不仅表现在对术语的解释上，比如"羞怯""社交焦虑""高度敏感""自闭症和亚斯伯格综合征""感觉统合障碍""阅读障碍"，表现在某些疾病的混淆上，比如"注意缺陷障碍"（ADD）和"注意缺陷多动障碍"（ADHD，俗称少儿多动症），还表现在其他影响儿童成长的疾病上。上述症状，有些被认为与内向有关联，但很多还不甚明确。我们只能确定的是，这些症状不只出现在内向的儿童身上。有些研究者甚至怀疑是否该把这些症状当作综合征或功能失调——或者，它们只是正常大脑功能连续体上的远端表征。我们今天对孩子的期盼可能造就了对孩子大脑功能的这种关注。也许，上述症状只不过是反映了大脑发送和接收信息的不同方式。它们似乎存在一些共同点，包括脑整合能力的不足以及脑或身体某一系统功能过分亢进或低下。

以上机能失调涉及大脑的主要的信息处理系统，包括注意力系统、唤起系统、感觉传导回路、自主神经系统、动机系统和情感系统等。基因排列的内向型或外向型倾向会影响上述的许多系统，也许这正好解释了为什么人们常把内向与上述这些孩子的特殊症状混为一谈。不过，理解内向是什么——只是什么——很重要，这样做能防止内向的孩子被人为地病态化。

为了阐明什么是内向，什么不是内向，让我们先来纠正一些关于内向孩子的流行的错误看法。

迷思之一：内向的孩子羞怯

事实： 内向与羞怯时常被人们混淆。这一误解的根源在于只从社交的层面看待内向。内向影响了内向孩子的总体气质和生活的方方面面。这些特质会决定内向孩子所偏爱的社交方式。不过，尽管内向孩子的社交表现可能看上去比较羞怯，但它并不等同于羞怯。

与内向不同，羞怯既与能量需求无关，也不是改变社交方式就能解决的问题。和人独处与置身群体，羞怯的人可能有同等的不适感受。羞怯与内向的关键差别之一是在社交场合中对信息的处理方式不同。羞怯的孩子有种期待性焦虑。他们会尝试与别的孩子交流，但预先做好了不受欢迎的打算。而内向的孩子是不愿意社交，他们可能预料到了自己会不喜欢这种场合，但未必觉得自己会不受欢迎。羞怯的人渴望变得更善于交际，而一旦置身于社交场合，他们就会焦虑不安，觉得自己不讨人喜欢。内向的人和外向的人都可能羞怯。

羞怯是一种比较普遍的经历。几乎每个人都有羞怯的时候。羞怯或许与遗传有关，但往往受环境和后天经历的影响更多。羞怯的孩子对羞辱、尴尬和批评有极度的恐惧。他们可能行为拘谨，对陌生人充满警觉；当有失败的风险时，他们可能会战战兢兢。羞怯的孩子还可能遭到老师、家庭成员和同龄人的粗暴对待，时常成为被嫌弃、嘲笑、捉弄或冷落的对象。不幸的是，这些负面经历会加深他们的恐惧和自觉不讨人喜欢的印象。

在《突破羞怯：一个让孩子温暖、开放和投入乐趣的无压力计划》（*The Shyness Breakthrough: A No-Stress Plan to You're your Child Warm up, Open Up, and Join the Fun*）一书中，羞怯问题研究的重要专家伯纳多·卡杜奇（Bernardo Carducci）对内向与羞怯作了区分："内向的人不一定羞怯。内向的人具有与他人成功交流所必需的社交技巧和自信，他们只是需要独处来重蓄能量，而且他们确实也喜欢独处。羞怯的人则渴

> **可能与内向相混淆的其他儿童机能失调**
>
> 　　这些年来，我发现公众常把其他一些儿童机能失调和内向相混淆。不过，在很多情况下，较之外向孩子，内向孩子的确更容易发生下面的机能失调：
> - 感觉统合障碍（Sensory Integration Dysfunction）
> - 高度敏感（High Sensitivity）
> - 注意缺陷障碍与注意缺陷多动障碍（ADD and ADHD Spectrum）
> - 自闭症与亚斯伯格综合征（Autism and Asperger's Disorders）
> - 社交焦虑与其他焦虑性机能失调
>
> 　　有关上述症状及它们与性格内向的区别，请参见附录"容易与内向性格引起混淆的疾病和异常"。

望关注，希望自己招人喜欢，被人接受，可他们缺少驾驭社交的技巧、思维、情绪和心态。"

　　内向的孩子无法改变基本的神经传导回路。但是，通过增强自信、学习社交技巧和消除恐惧、焦虑，羞怯的倾向可以明显弱化。如果你内向的孩子偏于羞怯，你就要帮他应对和弱化羞怯感，给他讲解羞怯和内向的不同，让他知道你会设法帮助他学习如何在社交场合感觉更自在。你要尽可能在与人初次见面时表现出轻松和友好。观察到你的表现后，你的孩子就会在与同龄人的交往中表现得更加自信。

迷思之二：内向的孩子不友好

　　事实： 内向的孩子可能会非常友好，只是在某些场合，他们无法表现出这一点。例如，我们这一章开头介绍的10岁孩子马修，是个典型的内向孩子，他就非常友好。他乐于与认识的人交谈。学校体育馆里的喧闹和拥挤让他无所适从，所以他不太可能在那儿表现友善。可要是你在家里碰见他，或者你表示出了对动物的兴趣，他就会表现得非常亲切友好。

在这一点上，父母帮助内向孩子的方法是：先发挥桥梁作用，帮助别人理解孩子表达友好的方式，然后再想方设法制造机会让孩子展现出他的友好。

迷思之三：内向的孩子对他人不感兴趣

事实：内向的孩子对他人很感兴趣，只是不能一下子应对一大群人。他们喜欢一对一的交流，这样才能更多地了解对方。我小时候就是这样。群体性的交际对我来说很困难，可当有人（特别是体贴我的老师们）一对一跟我谈心时，我就变得活跃起来。我对他们的故事和经历非常着迷，我的兴趣也表现得淋漓尽致。内向的孩子是优秀的听众，这很可能是因为，他们对别人说的事情确实感兴趣，是真正在倾听。

迷思之四：内向的孩子很自我

事实：内向的孩子的确非常重视他们自身的想法与感受，但对于了解别人的想法与感受，他们也颇有兴趣。对与众不同的人，他们也很宽容。说内向的孩子很自我颇具讽刺性。研究表明，群体中内向的人比外向的人更具合作精神。外向的人常被认为"善与人打交道"，这多半是因为他们喜欢扎在人堆里，未必是因为他们喜欢身边的人，或者对他们感兴趣。

早期识别内向

每个成年人都需要一个孩子来教一些东西给他，这是成年人的学习方式。

——弗兰克·克拉克（Frank A. Clark），美国神学家气质往往在孩子很小的时候就已表现出来。研究表明，对大多数孩子来说，他们在四个月大时表现出的气质模式会一直伴随他们的成长。想一想，你的孩子在婴儿时期是啥模样？他和《小熊维尼》里的哪个角色比较相像？《小熊维尼》里的角色都是经久不衰的文化符号，这是因为，在某种程度上，它们代表了某些熟悉的人类行为模式。你的孩子是否像跳跳虎一样活蹦乱跳？是否像小猪一样胆怯？像维尼一样馋嘴？还是像小男孩罗宾一样沉着？或者，像猫头鹰一样是个冷静的观察家？

让我们悄悄观察一下小宝宝奥利弗。他的黑眼睛特别有神，看上去像是在认真观察和打量周围的家人和环境。你几乎能看出来他脑子里在想事情。不像有些婴儿，他的手脚动得不那么频繁，在陌生的环境里尤为如此。有时你很难猜透他在想什么，他想要什么。他通常很安静，可也会在毫无征兆的情况下突然大哭，哄也哄不住。他喜欢有规律的活动，如果变化太多，他就会表现出不安。如果一下子新玩具多了，或者身边出现太多新面孔，他要么变得很安静，睡过去，要么哭起来，或是变得很黏人。如果周围很喧闹或者所有人都行色匆匆，他就会受惊。他还很谨慎，在碰触新玩具之前要等待一小会儿。

在其他年龄段，内向的气质会以不同的方式显露。例如，学步期的内向孩子要逐步热身才能接受新情况。一个学龄前的内向孩子可能迟迟不愿与人说话，除过那些让他感觉特别轻松自在的人。小学时，一个内向的孩子不会在课堂上发言，除非他已很好地掌握了那门课程。初中时，内向的孩子会表现出比其他孩子更强烈的单独学习和玩耍的意愿。高中时，内向孩子可能要晚些才开始与人约会。在约会之前，他可能选择去做别的事情，比如说学开车，不过，他做这些事也要比同龄人晚。

从婴儿时期起，你的内向的孩子就要不断地与外向的期待做斗争。认识到这一点能帮助你理解，孩子面临的困难到底有多大。从最初到现

谁能想得到?

研究者(我猜他们时间挺宽裕的)发现,当给内向孩子和外向孩子的舌头上分别滴一滴柠檬汁时,内向孩子的口腔里释放出了更多的唾液。

内向、外向如何识别

你的孩子是……
- 轻声说话,偶尔还会停下来想词?
- 在大多数情况下很安静,但在让他自在的环境里很健谈?
- 参加社交活动后感觉疲惫,需要时间静养以恢复精力?
- 有时看上去和听上去感觉犹豫?
- 先观察,后行动?
- 融入新环境比较慢?
- 有一两个好友,觉得别的人仅仅是认识?
- 有时看上去兴趣寥寥、没生气,或者十分疲惫?
- 被人插嘴了就不再说话?
- 在公共场合身体僵硬,面无表情?
- 说话时不看人,但倾听时跟对方有很好的眼神交流?
- 疲倦、无所适从或不自在时就变得一言不发?

在,为了顺应孩子,你很可能一直都在调适自己的行为;可你也很有可能一直在催促着孩子向某些方向发展,觉得那是他自己的需求。辨明孩子的气质倾向能够增加你对他的理解,减少权力之争和挫败感。人的气质决定了很多的事项——从什么让你感觉兴奋,到你交流的方式,再到你处理纷争的方式——并且这个决定早早就已开始。

如果是这样，你的孩子就更为内向。

你的孩子是……

- 说话噼里啪啦，嗓门很大，在紧张时尤为如此？
- 经常转换话题？
- 谈及某个话题时，有能力装作比实际懂得多？
- 与谈话对象站得很近？
- 在谈话时插嘴？
- 听话时不看说话的人？
- 脸部表情和肢体语言丰富？
- 在你说话使用长句或深入谈一个话题时没了精神？
- 谈话时间稍长就坐立不安？
- 认为大多数人都是朋友？
- 融入新环境轻而易举？
- 参与刺激性活动后感觉浑身是劲？
- 如果独处太久，会抱怨或觉得倦怠？

如果是这样，你的孩子就更为外向。

小测试：你的孩子内向吗？

你的孩子在内向／外向性格连续体中处于哪个位置？（你又在哪个位置？）对下列陈述，请以"对"或"错"作答（"对"指该项陈述在大体上符合你的情况，"错"则相反）。计算答"对"的数目，参考分析便可知道你的孩子的气质类型。

我的孩子：

1. 一个人待在自己的房间或者待在他喜欢的地方能让他觉得精力充沛。

2. 如果一本书或一个课题让他感兴趣，他就会全身心投入其中。

3. 说话时讨厌被打断或者做课题时被打扰，极少打扰别人。

4. 喜欢细心观察一番后才参与游戏。

5. 周围拥挤或者长时间与人同处会让他暴躁不安，疲惫时尤其如此。

6. 倾听时很专注，也与人有很好的眼神交流，但说话时倾向于不与人对视。

7. 会保持身体静止，表情不变或者面无表情，尤其是在疲惫或置身于一大群孩子中时。

8. 有时反应迟缓、犹豫或比较低调。

9. 需要时间思考才能回答问题，回答前可能还要先在心里复述将要说的话。

10. 与人交流时听的比说的多，除非对话题有特别的兴趣——在这种情况下，尤其是环境又让他感觉自在，他就会打开话匣子侃侃而谈。

11. 不夸耀自己的学识或成就，他可能懂的比表露的多。

12. 密集的日程安排会让他无所适从，而不是充满干劲。

13. 常轻声说话，说话时有停顿，边说边想词儿。

14. 对自己的感知和想法、思想和情感以及内在的反应非常敏感。

15. 不喜欢成为大家注意的焦点。

16. 可能会让人有不可捉摸的感觉：在家或在其他舒适的环境里活泼健谈，在别处却闷闷不乐；第一天还精力充沛，第二天就萎靡不振。

17. 同班同学对他的感觉可能是安静、沉着、内敛、含蓄，或者冷漠。

18. 善于观察，有时能发觉别的孩子甚至是大人都没有注意到的细节。

19. 喜欢稳定一致，否则需要充足的适应期才会有上佳的表现。

20. 课题或测试的截止日期让他紧张。

21. 感觉周围发生的事太繁复时会走神，看电视或打游戏时会走神。

22. 可能认识很多孩子，但只有一两个好朋友。

23. 喜欢创造性的表达和安静、充满想象力的玩耍。

24. 从聚会或集体活动回来后，即使玩得很开心，也觉得非常疲惫。

统计答"对"的次数总和，如果结果是：

17~24：你的孩子气质内向。学会如何帮助他保存精力非常重要。他有积蓄能量和在外部世界中明智使用能量的需要，这些他要学习，在学习过程中可能需要你的帮助。告诉孩子，你理解和接受他的气质，这很重要。

9~16：你的孩子处于内向/外向性格连续体的中间地带，兼具外向气质和内向气质，就像左手和右手都能用一样。他有时会难以决定，到底该一个人待着，还是到外面玩去。尝试估计一下，什么时间的外部活动能让他精力十足，而什么时候他又需要安静独处来恢复精力，了解了这一点，你就可以帮他安排最适合他的日程计划了。

1~8：你的孩子气质外向。外部世界形形色色的活动、事物和人能让他浑身是劲。努力让他保持繁忙的状态，但也要让他明白，休整和思考也很重要。

如果你还是不能确定，你就问自己：他需要通过独处（或与某个特别的人相处）来减少外界的刺激吗？他在大多数时间里借由安静的思考来恢复精力吗？如果确实是这样，他的气质就是偏内向的。内向的人并非不喜欢与人打交道，他们只是需要独处的时间。同样，如果一个人在压力面前表现出退缩，那么他也很可能是偏内向的孩子。如果你的孩子精力充沛，总想着到外面去玩，而不管有没有人和他一起玩，他就很可能是偏外向的孩子。

本章重点

◎ 内向和外向都是正常的气质类型。

◎ 内向的人和外向的人对相同情况的反应不同。

◎ 了解自己和孩子的气质能使抚养孩子的进程更轻松些。

第 2 章

内向、外向的生理基础

大脑的生理结构创造了内向和外向的气质

在爱探索的头脑面前,整个世界都是一座实验室。

——马丁·费舍尔(Martin Fisher),美国演员

一对 4 岁的双胞胎约书亚和瑞秋被妈妈从幼儿园接回了家。妈妈才把房门打开,约书亚就冲着房间里大叫:"你好!"瑞秋也大叫:"爸爸!爸爸!我们回来了!"爸爸中午回来吃饭,所以孩子们都很兴奋。他们连忙冲到客厅里,可立刻愣在了那儿——站在面前的是一个陌生的高个子男人。爸爸笑着说,客人是他原来学校的好友,刚巧碰上。约书亚站在原地一动不动,低头望着脚,随后还往后挪了挪,因为瑞秋正凑上前问陌生人:"你叫什么名字?"接下来的时间,约书亚绕着客厅打转,时不时朝陌生人瞥上一眼。他观察着爸爸、妈妈和瑞秋同那个挺友善的男人聊天。过了一会儿后,约书亚壮起胆子坐到爸爸的膝盖上。再没多久,大家就其乐融融了。

为什么两个孩子的反应会有不同?为了写我的第一本书《内向者优势》,我作了大量的研究。在研究当中,我仔细阅读了数千份心理学、生理学和神经科学方面的材料,还采访了数百位内向的人。我得出的结

论是，两个人在大脑和身体方面的构造不同造成了他们对同一情境的反应不同。具体来说，内向的人和外向的人的身体构造不同在于以下两个重要方面：1.脑神经回路的第一个分叉就把内向的人和外向的人划进了两种不同的神经递质传导通道；2.内向的人和外向的人使用的是神经系统的两个不同侧面。后来，神经科学领域让人激动的新研究不仅证实了我当初的看法，也扩充了我们对内向和外向的生理基础的理解。

气质设计的要素

头脑的片段里，盘绕着年年岁岁的记忆……

——艾米丽·迪金森，美国著名诗人

孩子从一生下来起就表现出了明显的气质倾向，但是，人们许久以来一直在争论，这种倾向到底是与生俱来的还是后天养成的？如今，神经科学回答了这个由来已久的问题——气质既是与生俱来的，也是后天养成的。孩子的气质确实是与生俱来的，同时，家长在孩子气质的培育中也起着至关重要的作用。

无数的科学研究表明，有些特质非常受家族遗传史的影响，比如一个人内向或外向的程度。此外，在所有被研究的个性特质中，内向和外向是最稳定且遗传性最好的。换句话说，早在那么多世纪以前，伊索就说对了：有些孩子像兔子一样快速、任性；另一些孩子像乌龟一样缓慢，但更踏实。

但是基因如何创造出气质内向的孩子？让我们来看看。

激发信息传递

《气质长长的阴影》（*The Long Shadow of Temperament*）一书的合著者，哈佛大学的研究人员杰罗姆·卡甘认为脑内生化对气质有很大影响。每个人大脑中都有多种化学物质和已知的至少 60 余种神经递质，每个孩子的基因决定了其自身特殊的神经递质组合。

脑内化学物质和神经递质的配方是由基因编码的。对全体人类而言，这些配方在 99.9% 的程度上都是相同的，这就是为什么人类拥有造就了特定行为模式的一系列共同特质。但是，我们身上这些由遗传基因决定的化学配方还有 0.1% 是不同的，这也解释了人类一系列的个体性差异，从身高到发色，再到谁有成为钢琴演奏家的天赋。

所以，气质拼图的第一块是：你的基因决定了哪些神经递质会支配孩子的大脑；并且，这些基因由经数百万年进化出的 DNA 缠绕而成（正如艾米丽·狄金森那首颇具前瞻性的诗描述的那样）。

脑细胞，或称神经元，必须相互间联系来发动大脑和身体的工作。想象一下西斯廷教堂穹顶的壁画，画中上帝向亚当探身，他们的手指"几乎"要触碰到一起。脑细胞也是如此：它们相互间几乎要触碰在一起。细胞间有个微小的缝隙，称为"突触"，这里是所有活动进行的场所。所有信息都在这里被从一个细胞转移到另一个细胞。

这些又被称为"可能性间隙"的突触是气质拼图的第二块。突触给神经递质在细胞间的传输确实提供了数十亿种路途选择。不过，神经元上有把"锁"，一把"锁"只对应一种神经递质独有的"钥匙"。一旦钥匙对上了锁，对神经元细胞"启动"或"关闭"的信号就会发出。如果细胞"启动"，细胞所在部分的大脑就开始工作，孩子就会有相应的行为举止；没有启动的细胞会保持休眠状态，其所在部分的大脑所负责的行为也不会被激活。

脑内路径

气质拼图的第三块是，由于主要神经递质反复一致地开启或关闭某些特定的细胞，一个孩子的大脑就产生了独特的神经回路。同时开启的多个神经元被连接起来组成了神经元链，多个神经元链成为了大脑中信息传递的习惯回路,从而构成了脑内的网络系统。科学家们已经有能力绘制神经递质网络和回路的图谱,并确定它们所影响的人体功能。根据孩子自身独特的设计,大脑偏向的常用回路将一些细胞连接起来,从而造就了一个孩子的气质。

内向的人和外向的人最爱的神经递质

> 生命的最终医学定义是大脑活动……它是实现充实人生的第一步。
> ——埃里克·布雷弗曼(Eric Braverman),医学博士

哈佛大学的精神病学教授阿兰·霍布森(J. Allan Hobson)曾撰文详细描述了气质拼图的下一块:乙酰胆碱和多巴胺这两种特定神经递质的作用。根据霍布森的说法,这两种主要的化学物质对大脑那些至关重要的功能有显著影响,进而对行为有巨大影响。它们是联系脑内所有层次活动的两条主要回路。乙酰胆碱管理许多大脑的生命性活动,包括注意力集中、意识、警觉状态、觉醒与睡眠状态的转换、随意活动以及记忆存储。数个多巴胺回路则构成了脑内最强大的奖赏系统。通过关闭某些复杂的大脑功能和开启不随意运动功能,它们能促使孩子先行动,再思考。

搭通大脑与身体

著名的脑研究专家斯蒂芬·柯斯林(Stephen Kosslyn)和奥利弗·科恩尼格(Oliver Koenig)在《潮湿的心灵》(Wet Mind)一书中对气质拼图的第五块作了解释。对乙酰胆碱和多巴胺开启神经系统这一点,两人不仅表示了赞同,甚至提出观点说这两种递质是连接大脑与身体的主要纽带。不过,他们也注意到两者分别作用于自主神经系统的两个功能相对的侧面:多巴胺在交感神经系统中起激活作用,乙酰胆碱

则在副交感神经系统运作。交感神经系统的特征是"战斗！战斗！战斗！"副交感神经系统的特征是"休息与消化吸收"。果不其然，研究表明，内向孩子的神经系统以乙酰胆碱作为递质的副交感神经这一侧占了主导，我把它命名为"减速"神经系统。神经系统的另一侧，以多巴胺为递质的交感神经系统，则在外向孩子身上起主导作用，我把其称为"加速"神经系统。稍后，我会接着讨论这两大系统。

平衡行为

气质拼图的最后一块是你孩子天生的"设定点"。基因在我们的身体中制造出生命维持所必需的设定点。身体中的设定点体系与一间屋子里配置了恒温调节器的供暖和空调系统相似。你给这个系统定下你个人的最适温度，比如说 68 华氏度。当室温明显低于这个温度时，供暖系统启动给屋里加温。同样，如果屋里温度过高，空调系统会启动帮室温降到设定点。你孩子的身体也一样，通过保持一定范围内的状态达到内环境的平衡。对生命至关重要的身体功能都有设定点，比如体温、血压、血糖、心率以及其他许多功能。当这些功能活动超出了设定的范围，设定点就发出信号让身体行动起来以调节平衡。例如，孩子的体温骤升时，他的身体会做出降温尝试，这包括出汗、减少身体活动，予以孩子脱衣服或甩掉被子的冲动以及将血液往皮肤运送以给身体内部降温。

脑研究专家阿兰·肖（Allan Schore）认为，一个孩子的设定点在自然的内向/外向性格连续体中所处的位置塑造了他的气质。基因决定的设定点代表了一个人脑和身体功能的最佳和最自如的状态。性格连续体就像一个跷跷板。以其设定点为支点，一个孩子能作小范围上下调整，这不会造成太多的精力消耗或者精神紧张感。长时间地活动在超出设定点范围的状态下不仅造成精神紧张，也导致额外的精力损耗。

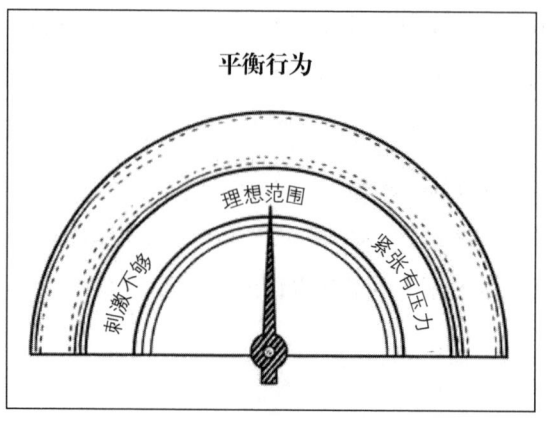

在各自的"设定点"附近状态下活动时，内向的人和外向的人保持着自身的平衡。他们可以短时间地在自己的自然领域外进行活动，但是如果长时间被迫待在域外，他们就会备感压力。

一个孩子在精力管理系统中的定位点决定了他是内向还是外向。由于精力总在耗散，所以显得有些捉摸不定。一个内向的孩子，如果前一天休息好了，第二天就活泼；可要是前一天他没有足够的恢复精力的时间，第二天就有气无力。这种不稳定性让外向的孩子迷惑不解，因为他们自己总是精力充沛。内向的孩子是能量积蓄者，他们通过降低外部刺激在平静和安静的状态下重蓄能量。外向的孩子是能量消耗者，他们通过在外面四处活动和靠近人群来重拾能量。

这一能量方式的差异对内向孩子的影响十分巨大。参与外部世界的各种活动，对内向的孩子来说是能量消耗，对外向的孩子来说却是能量恢复。这个细节极大地影响了内向的孩子的外部世界体验，以及别人对他们的看法。

内向与外向不是黑与白那样分明。没有人只有一种纯粹的气质，无论是内向的人还是外向的人都必须时不时地在性格连续体的另一侧的状态下活动活动，但是我们身上的确具有由设定点所决定的主导气质。所以，就如同孩子不是左撇子就是惯用右手，不是左脑思维者就是右脑思维者，不是惯用左眼就是惯用右眼一样，我们所有人不是内向就是外向。

要想对这个概念有切实的感受，你可以尝试以下练习：用你不常用的那只手写一段话。留意一下，和那只你经常使用的手来比，你所消耗的能量是多了还是少了。使用你常用的那只手时，你的动作轻松自如，甚至不必有意识地想着自己在使用它，用起来时效果也最好、最舒服。但是，用自己不常用的那只手写字的时候，你很可能写得歪歪扭扭。甚至你想一想这么做都感到困难。同样的，用不常用的脚来踢球，你也不能发挥出最精准的脚法。

内向者和外向者的奖赏回路

> 找到一个人的真性情，把他和别人区分开来，这就意味着你已经了解了他。
>
> ——赫尔曼·黑塞，德国作家，诺贝尔文学奖获得者

让我们仔细看看乙酰胆碱，这个内向者主要使用的神经递质。乙酰胆碱能使大脑长时间保持深度注意。一旦这一功能被激活，它就会减缓身体的活动，进而使大脑集中注意力。乙酰胆碱还能促发骨骼肌的运动。可是有趣的是，当你睡着的时候，乙酰胆碱又会麻痹你的身体，同时当快速眼动期（又叫 REM 期，是睡眠周期的一部分，属于浅睡眠期）来临的时候，你的整个大脑又被它发动起来，甚至比白天还要活跃。

乙酰胆碱也可以激活另一套奖励系统，这一点非常重要，但是有关的研究还比较少。这种奖励机制尽管不易被观察到，但作用却十分强大。乙酰胆碱从脑干出发，刺激与学习有关的视觉和听觉区域，然后到达位于前叶的大脑执行区域。它还在连接大脑与"减速"神经系统的反馈环路中传递。研究人员发现，为了得到乙酰胆碱奖赏回路的刺激，老

多种多样的神经递质

许多种神经递质和其他化学物质在大脑里流动。每一种神经递质都有自己独特的作用,使人产生不同的行为、思想和情感。

神经递质对脑细胞起兴奋或抑制作用。当兴奋作用发生时,脑细胞就像一连串倾倒的多米诺骨牌。当抑制作用发生时,骨牌就停止倾倒。

以下是几种非常重要的神经递质和它们各自的功能:

乙酰胆碱——"让我想一想!" 乙酰胆碱是思考力、注意力和随意性运动的推动者。它控制着唤起、注意、意识、知觉学习、睡眠和觉醒等重要活动。内向者的神经系统倾向于让人"减速",其主要依赖的神经递质就是乙酰胆碱。缺乏乙酰胆碱会扰乱学习和认知功能,引发记忆减退。乙酰胆碱神经元的过早退化就是老年痴呆症。

多巴胺——"好玩就继续!" 这是一种能让我们感觉非常愉快的神经递质。它控制动作、喜悦和行动力,对警觉意识,尤其是对新事物的兴奋感必不可少。外向者的神经系统倾向于让人"加速",而多巴胺就是外向者首要的神经递质。在所有的神经递质当中,多巴胺也是最容易成瘾的。

内啡肽和脑啡肽——"我不疼了!" 这种神经递质的作用与镇痛药相当,它们能减轻疼痛,舒缓压力,使人的身心处于轻松、平和的状态。这种能够对抗压力的神经递质也有一定的成瘾性。在疼痛、放松活动、剧烈运动或吃辣椒的时候,你的大脑会释放出这种物质。

鼠会放弃食物和性交。当人类大脑受到乙酰胆碱刺激时,人会觉得清醒、放松,并投入自己正在做的事情。当我们思考的时候,乙酰胆碱的释放会带给我们强烈而美妙的快感,这正是一些内向者从钻研(比如研

血清素（也叫 5—羟色胺）——"不要太多，也不要太少！" 这种神经递质能触发睡眠，让情绪变得宁静、平和。不过，这种递质也不是越多越好。尽管你在醒着和集中注意力的时候离不开它，但太多的血清素也会令你感觉疲乏，注意力涣散，甚至打起瞌睡来。血清素是调节冲动的专家，它能在平复心境的同时抑制焦虑、抑郁、攻击行为和冲动倾向，常用于抗抑郁药。

伽马氨基丁酸——"放松一下！" 这是大脑中分布最为广泛的抑制性神经递质。如果伽马氨基丁酸和血清素同时缺乏，人的攻击性和暴力倾向就会增加。当人目睹暴力事件的时候，他体内的伽马氨基丁酸就会减少。这种神经递质有平复情绪的作用，常用于焦虑的治疗。

谷氨酸——"来，一起 high 吧！" 谷氨酸是让大脑兴奋的"主将"，没有它，我们就无法迅速而清晰地思考。不过，如果谷氨酸长时间分泌过多，大脑就会进入耗竭状态，吸食冰毒或可卡因的人就是这样。在学习和长时记忆当中，谷氨酸也是连接神经元所不可或缺的物质。

去甲肾上腺素——"安全第一！" 这种神经递质是人体的警钟。它识别危险，同时激发大脑分泌肾上腺素来做出应对。肾上腺素与紧张、兴奋和能量相关，由"加速"神经系统分泌。肾上腺素能增加生理和心理唤醒，提高情绪和警戒水平，并为行动做好准备。

究某种甲虫）当中获得巨大满足的原因。而对外向者来说，这点奖赏是微不足道的。

因为多巴胺能激发数条强大的多巴胺奖赏回路，所以我们通常把它

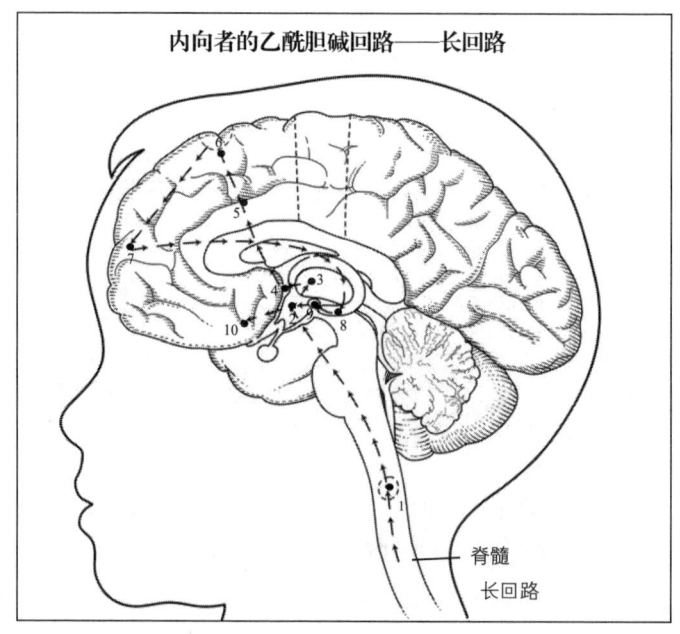

1. 网状激活系统——激活者：乙酰胆碱激活前注意系统，传递"这个东西很有趣"的信号。

2. 下丘脑——控制者：控制基本的身体功能，打开内向者的"减速"神经系统。

3. 前室——中继站：接收并削弱外部刺激，然后将其传送至大脑前叶。

4. 右前岛——整合者：将同理心、反思等情绪能力组合起来。设定情绪含义，感知错误并做出决策。整合较慢的询问"这是什么？""为什么？"的视觉回路和听觉回路。

5. 左中扣（Left-Mid Cingulate）——社会活动秘书：设定优先次序，允许信号进入执行区域，协调心理活动，使情感触发自主神经系统。

6. 布罗卡区——语言组织者：组织语言，自我对话。

7. 左、右前叶——执行处理器：在大脑飞速运转的同时，乙酰胆碱制造 β 脑波和欣快感。前叶通过选择、计划形成想法和行动，同时做出预期并评价结果。

8. 左侧海马体——运输队：乙酰胆碱搜集信息，设置标签后存入长时记忆。

9. 杏仁核——威胁应对系统：面对威胁，产生恐惧、焦虑和愤怒情绪，传递社交恐慌信息，激发负面经历的存储。

10. 右前颞叶——处理器：整合短时记忆、情绪、感官刺激和学习过程，引发随意肌收缩。

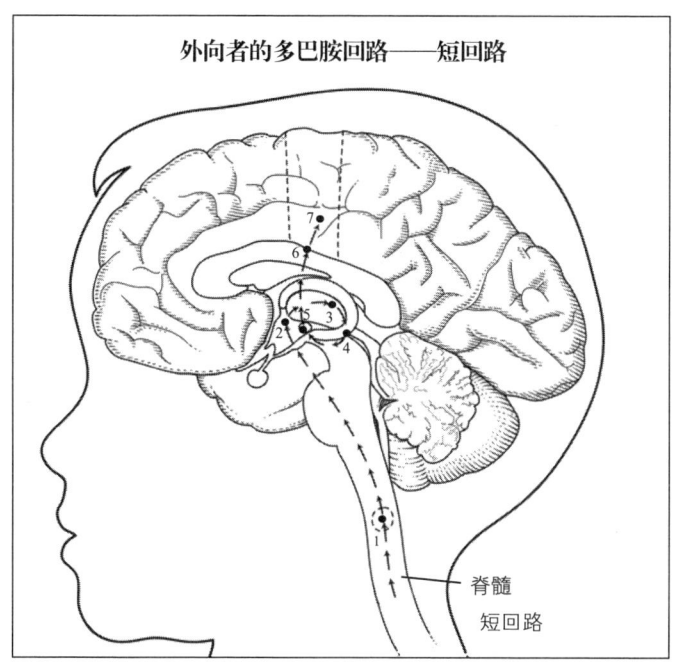

1. 网状激活系统——激活者：多巴胺激发警觉的 α 脑波和欣快感，激活感知运动的后注意系统。

2. 下丘脑——控制者：控制基本的身体功能，打开外向者的"加速"神经系统。

3. 左、右后室——中继站：接收并强化外部刺激，然后将其传送至特定区域。

4. 右后岛——整合者：将大脑的几个区域整合在一起，包括询问"哪里？""什么时间？"的视觉回路和更快速的听觉回路。

5. 左侧杏仁核——威胁应对系统：在真实的或感知到的威胁面前产生恐惧、焦虑和愤怒情绪。多巴胺激发人立即行动，暂不思考。

6. 左、右前回——社会活动秘书：阻止或触发语言活动，激发对外界的兴趣，迅速转移注意力，关注外部世界、愉悦和新奇、刺激的事物。根据情绪信号的变化，自主神经系统和语言活动随之被激发或抑制。

7. 左、右颞叶——处理器：整合情绪、外部感官刺激和学习过程，处理工作记忆，指令大脑运动区域引发肌肉收缩。

作为大脑中起奖励作用的主要神经递质。对于外向者来说，他们往往会使用那条最能让自己得到满足的奖赏回路。这些奖赏促使外向者向往新奇事物并迅速采取行动，同时通过加快行动速度来获得更多的奖赏。多巴胺奖赏回路有一定的成瘾性，因为它能让人迅速产生强烈的欣快感。但是对于内向者来说，多巴胺的急剧增加却会让他们感到焦虑和刺激过量。

内向者和外向者的不同回路

黛博拉·约翰逊（Debra L.Johnson）和她的同事们进行了一项脑成像研究，他们使用正电子断层造影术（PET）分别为性格内向和性格外向的实验对象测定了大脑的活动强度，研究结果发表在《美国精神病学（American Journal of Psychiatry）》杂志上。研究表明，内向者和外向者的血液在脑部的分布是不同的。外向者在大脑前叶的行为抑制系统有较少的血流分布，但在大脑后叶的对知觉和情感刺激非常敏感的区域却分布较多；内向者在大脑前叶有更多的血流分布，那里的神经组织抑制人的行动，同时促使人在行动前计划和思考。

约翰逊博士和其他研究者一起为我们提供了一幅有关乙酰胆碱回路和多巴胺回路的详尽画面（注意：第28—29页的相关图示和说明是极其简略的）。

"加速"神经系统和"减速"神经系统

"每个人都有自己的故事。"

——电视节目中一位博士体检医生的话

大脑是一个充斥着电子信号的球体。在孩子长大的过程中，他们的大脑通过建立神经回路和神经网络来控制和组织各种各样的脑电活动，以此来产生或终止各种想法、感受和行为。还记得孩子在婴儿时期只能把小手挥来挥去，而后来却能抓住奶瓶吗？随着神经回路的不断丰富，孩子学会了把能量集中于一点，于是他就能控制自己的身体、智力和情感了。

随着孩子不断长大，他们把来自身体内部和外部世界的感知集合起来，做出评价，然后产生更为复杂同时也更为适当的反应。这种反应可以是表现在外的行动，比如跑、走或者说；也可以是藏于内心的活动，比如想法、观点或者感觉。大脑和身体总是试图在反应的速度和准确度之间寻找平衡。这种反应需要依赖于人的三类神经系统。第一类是中枢神经系统，包括大脑和脊髓；第二类是外周神经系统，它是在身体与大脑之间传递信息的神经组织；第三类是自主神经系统，它控制着意识之外的身体功能。其中，大脑处理着巨量的信息，它根据自身对所需反应速度和准确度的评价来对身体发出指令，并通过脊髓将指令传达到自主神经系统的两个分支，然后做出相应的反应。

自主神经系统掌管着身体的自动调节功能，比如心跳、呼吸和消化机能。这一功能把大脑解放出来，让它能够集中精力管理视觉、听觉、语言、思维、情感等功能，同时指挥骨骼肌运动。

自主神经系统有两个分支，一个是副交感神经系统，另一个是交感神经系统。副交感神经系统倾向于储存能量，它是"减速"神经系统。交感神经系统倾向于迅速行动——"冲！冲！冲！"它是"加速"神经系统。这两种自主神经的机能正好相反，当其中一种被激活时，另一种通常都要被抑制。

当"加速"神经系统运转时，外向的孩子会感觉更舒服，而内向的孩子更喜欢"减速"神经系统的节奏，这一点在你制止孩子的某一行为时表现得非常明显。当一个内向的孩子表现得外向时，他是非常兴奋的。比如你的孩子抢了妹妹的皮球，你严肃地对他说："不要抢，还给

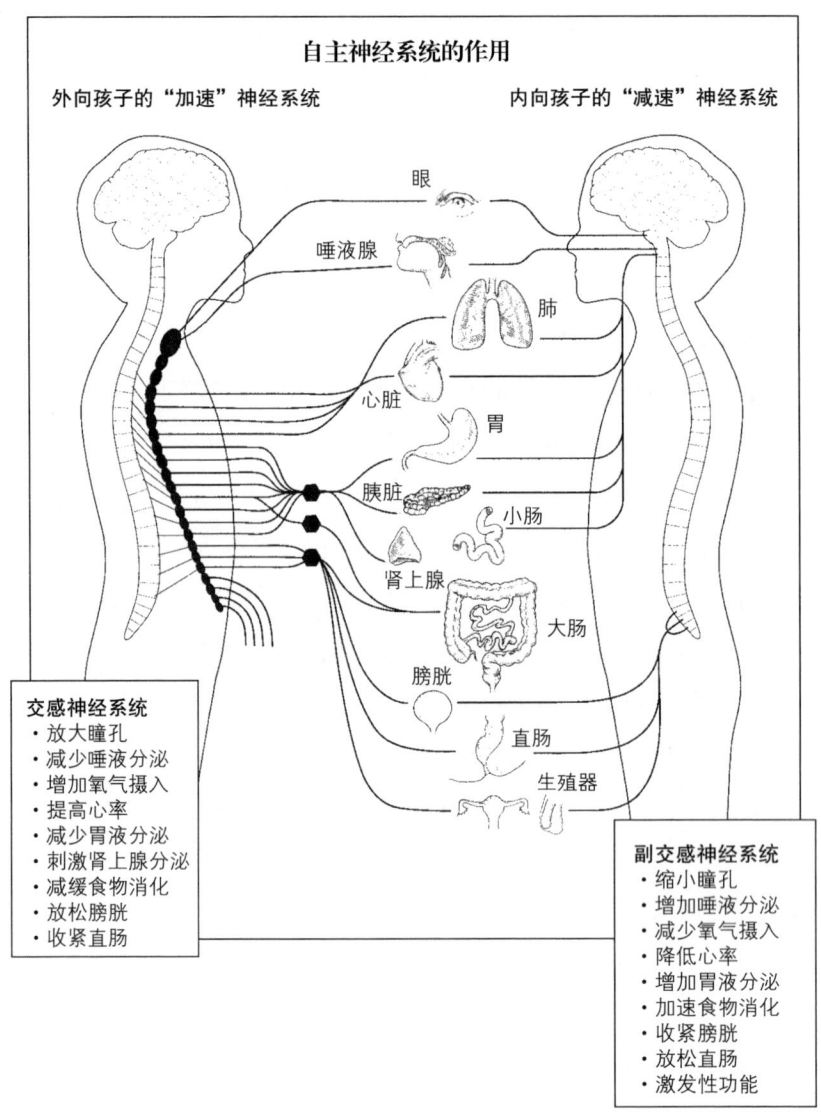

两种神经系统各自拥有相反的意识之外的机能，它们控制着许多种重要的身体反应。"减速"神经系统激活连接着特定器官的"慢动作"神经——副交感神经，放松肌肉，储存去甲肾上腺素和能量，增强消化和排泄机能，甚至引发性行为。乙酰胆碱增加大脑前叶的血流并增强其活动，使其进入活跃状态。"加速"神经系统激活"快动作"神经——交感神经，使肌肉紧张，随时准备搏斗或逃跑，增加氧气摄入，为肌肉增加葡萄糖供应，释放去甲肾上腺素和肾上腺素以激发更多能源物质。大脑的思考区域受到抑制，多巴胺使大脑后叶进入活跃状态。

她。"这时他的情绪体验就开始减速，他的动作慢了下来，并且把皮球还给了妹妹。对他来说，这种减速的感觉是非常熟悉的。但是，如果你经常这样说他，或者说得过于严厉，孩子就会减速过头。这样一来，他就很难再兴奋起来，很难再切换到更刺激（但也有一些不舒服）的"加速"神经系统去消耗能量。

当一个兴奋的外向孩子抢了皮球时，如果你加以制止，他就会比内向的孩子更不听话。他不喜欢"减速"神经系统的感觉。不过，如果你管教不力，他也不会发展出健康的情绪转换方式，从而在做过头的时候以及在需要转换到"减速"神经系统或休息状态时无法平静下来。如果你必须经常性地管教他，你也要注意把他的能量导向别的方面，以免他变得愤怒或者过于叛逆，这一点是非常重要的。练习投篮、玩蹦床游戏或者扔皮球等身体活动都是很好的能量出口。

大脑的前叶和后叶

> 大脑是一个制造很多东西的工厂。
>
> ——丽塔·卡特，科学作家

刺激在大脑中的运动就像一个开放的环路，有输入，也有输出。大脑首先接收外部刺激，然后把它同记忆和关联的事物编织在一起形成知觉。这些知觉在大脑中碰撞，变得越来越复杂，直至形成一个想法或行动。

绝大多数人都知道大脑分左、右两个半球，但是大脑同时也可以由一条脑沟分为前、后两个部分。后一种分法通常被认为是存在与行动，同时也是内向与外向的分界线。内向孩子的大脑前叶更为活跃，那里控制着人的行动。外向孩子的大脑后叶更为活跃，那里控制着人的思考。这是不是与我们的直觉刚好相反呢？在我们看来，内向孩子应该是存在

内向孩子的大脑和身体

> 身体的主要功能就是承载你的大脑。
>
> ——托马斯·爱迪生

内向孩子的大脑是非常活跃的。他们的大脑前叶有更多的血流，活跃度也更高，他们使用频率更高的 β 脑电波。乙酰胆碱回路是较长的神经回路，它需要大量的时间来处理、储存和提取信息。这种回路到达大脑情感中心（杏仁核）的速度最慢，所以内向的孩子在情绪反应上会稍稍地慢一些。内向的孩子主要使用"减速"神经系统，身体消耗的能量比较少。因为他们的大脑要消耗很多能量，所以省下来的这部分能量就可以储存下来供大脑使用。

内向孩子的大脑很"忙"，所以他们倾向于：

- 在说话的时候减少目光接触
- 在听的过程中增加目光接触
- 知识有深度，令人印象深刻
- 回避他人关注和环境刺激
- 在累了或压力大的时候变得不机灵
- 入睡的时候大脑"歇"不下来

内向孩子的乙酰胆碱回路很长，所以他们常常会：

- 边想边说
- 心里有很多想法
- 先计划，后行动，凡事早打算
- 情绪反应慢，作决定的时间长
- 喜欢熟悉的人和事物
- 在互动教学中学得更快
- 很有幽默感，但只有关系亲密的人才能发现
- 寻找内心的满足感

- 有生动的梦境并把它们告诉你
- 在集中注意力的时候完全不关心周围的事情
- 语速缓慢,三思而后言,尤其在疲惫的时候
- 在学会提取信息后表现出很好的记忆力
- 容易忘记自己知道的事情
- 在想象中与人对话,感觉自己在大声讲话,实际却不是那样
- 在深思熟虑后,想法、知觉和感受更加清晰
- 对某些经历体验较深
- 从专心于感兴趣的事物上获得快感
- 通过与信任的人通信或讲话来知晓自己全部的想法和感受

内向孩子的"减速"神经系统可能会使他们:

- 上午行动缓慢
- 在压力下停滞不前
- 走路慢,说话慢,吃饭慢
- 轻言轻语
- 在新环境里需要时间来慢慢适应
- 犹豫,否定自己
- 需要调节体温和蛋白质摄入,因为他们几乎总是在消化食物,他们的血液更多地流向大脑,而不是四肢
- 需要到安静的环境里补充精力
- 手、脚比较凉(夜里可能需要穿袜子才能睡着)
- 不喜欢活动身体,为专心做某些事储备体力
- 对疼痛更敏感,因为他们对身体的感觉更敏锐
- 看上去放松、平静,实际上很警觉
- 对他人与自己的物理距离很敏感,太近会消耗他们的精力
- 喜欢社会交往,但也容易被它搞得筋疲力尽
- 警觉,善于观察

外向孩子的大脑和身体

外向孩子的大脑比内向孩子的大脑更少感受到来自身体内部的刺激，所以外向的孩子总是不断扫描外部世界，试图找到一些新鲜、刺激的东西。他们需要大量的外部输入来为自己的快速奖赏回路提供燃料，并且很容易对熟悉的事物感到厌烦。他们身体中的化学物质激活了"加速"神经系统，于是他们便飞一般地旋转起来。

外向的孩子总是不断地寻找外部刺激，所以他们倾向于：
- 不喜欢停下来太久，需要活动
- 说的时候增加目光接触，听的时候减少目光接触
- 注意力被外在的活动所吸引
- 喜欢被别人注视着，喜欢讲话和各种活动

外向孩子的多巴胺回路很短，所以他们常常会：
- 滔滔不绝地讲话
- 现在想要什么，现在就要得到
- 短时记忆优秀，可以迅速思考
- 学得快，忘得也快
- 在限时的测验中表现优秀，可能会喜欢有压力的感觉
- 活动、讨论、新奇的事物和聚会让他们精神焕发
- 更容易成瘾
- 需要很多的正面反馈

者，而外向孩子只能是行动者。但是，大脑中感知外部世界并采取下意识行动的部分是位于大脑后叶的存在区域，而深思熟虑与决策的部分则位于大脑前叶的行动区域。对大脑来说，"行动"一词的含义非常宽泛，它包括思考、感觉、做梦以及随意或不随意的肌肉收缩。

- 需要奖励
- 通过动手和交谈来学习
- 可能会比内向的孩子更容易回忆起他人的名字和脸庞
- 喜欢说自己的事情
- 很容易成为朋友

外向孩子的"加速"神经系统可能会使他们：
- 天一亮就跳起来
- 面对压力时焦躁不安
- 走路快，说话快，吃饭快
- 大声讲话
- 需要通过和别的小朋友玩来振奋精神
- 经常说起疼痛
- 在没有刺激的环境里才能睡觉
- 无事可做时很不自在
- 长时间活动后，身体可能会出现问题
- 看上去既活泼又开朗
- 喜欢各种各样的身体活动
- 耐饿，不需要经常吃东西
- 可能会有注意力不集中的问题

大脑前叶和大脑后叶的区别

外向孩子的大脑后叶搜集从外部世界感知到的信息，它的主要功能是将这一信息转化为知觉。这一转换过程是通过选择、编码以及将新信息与过去的感觉和记忆相对比来实现的。外向的孩子以这些知觉为基础来做出反应，而这些知觉是大脑后叶在很短的时间内产生的，所以这些反应都是下意识的行为。

大脑后叶将新的知觉传入内向孩子的大脑前叶，这里是进化最为充分、功能也最为复杂的脑组织。大脑前叶（有时也被大脑研究者称为大脑的执行区域）通过思考和计划，在行动之前、之中和之后来使相应的行为模式被创造、深思、平衡和验证。大脑前叶有能力做出预期并规划未来，有能力对过往的经历进行深入思考。内向的孩子常常在意识里试验他们能做什么，以及如果他们做过什么，结果会怎么样，而不用真的去做那些事情。

复杂情感和自我意识是右脑前部的功能，而左脑前部负责复杂决策的制定。大脑前叶是发育最晚的脑组织，大约在25岁左右才发育完全，这很可能是内向孩子"大器晚成"的原因。大脑前叶主要帮助我们在事前作详细的计划。在这里，我们和自己一起讨论，检查行为是否适当，选择或者不选择某种行为；在这里，我们制定目标，也考虑不同的实施方案。这个"计划"区域选定1~2种方案，然后把它们转化为内心的想法。如果我们需要把想法付诸实施，想法就会进一步转化为行动的指令。

如果连接大脑前、后叶的沟通环路被阻断，问题就会产生。如果我们没有帮助孩子走出他们的舒适区域，他们就可能在自动反应的模式里停滞不前。一个停滞不前的外向孩子会有很多冲动性的行为，他不懂得停下来思考，或者通过计划来做出更复杂的决定。对于停滞不前的内向孩子来说，他们的问题是想得太多，而不是在外部世界里把自己的想法付诸实施。

这里有一个大脑前、后叶相互补充的例子。在我们度假出发前几天，我对我丈夫迈克说："我在收拾行李。"可他对我的行动似乎有些不解。当时我看了看衣橱，挑了一些我想带的衣服。在出发的前一天，我把我的蓝色箱子拿到了床上。当我路过衣橱的时候，我就找一些衣服来扔进箱子里。当天晚些时候，我把箱子里选好的衣服叠了起来，一切收拾完毕。这时距离出发还有很长时间。在这一过程当中，我的大脑前叶立了大功！

现在轮到我先生的大脑后叶了。这天是情人节，我们出发的日子。当我在想象金色海滩旁摇曳的棕榈树时，迈克仍然没有收拾行李的迹象。就在我们必须赶往机场的一小时前，他还是一动不动。然而接下来，他把皮箱扔到床上，然后从衣橱里抓出一些衣服扔了进去。盖上箱盖后，他又一屁股坐到上面，勉强把箱盖扣牢，大功告成！大脑后叶发达的人能够迅速做出行动，这在紧急情况下是非常有好处的。

左脑和右脑

> 森林美人眼，树木暖人心。
>
> ——霍尔·保兰（Hal Borland），美国作家、记者

人类的大脑有四个主要的功能区域，它们影响着我们面对生活的方式。这些区域之间既相互独立，又彼此配合。我们已经知道，这些区域当中包括内向孩子功能较强的大脑前叶和外向孩子功能较强的大脑后叶。现在我们来讨论另外两个区域：左脑和右脑。从外观来看，左脑和右脑几乎没有什么区别，但它们的功能却迥然有别。

在左、右脑之间，每个孩子都有占优势的一部分。如果你的孩子比较内向，而且左脑占优势，他就可能更有逻辑性，更注重思考，他的言辞可能比较丰富，精力也更好一些，但是他也可能仓促做出判断，也可能欠缺一些社交技巧。右脑占优势的内向孩子可能更爱玩，拥有更高的社交能力，有艺术天赋，但是在自信的表达方面有所缺陷，而且常常玩不了太久，很快就会觉得心烦意乱。

左、右脑分别以不同的方式处理信息。右脑看见的是整个森林，左脑看见的是具体的树木。右脑汇总、综合信息，左脑分析、评价信息。

尽管每个人都以左脑或右脑为优势脑，但我们的目的都是提高左、右脑的沟通和协作效果（胼胝体是连接左、右脑的桥梁）。两部分大脑协同工作，人才能表现出整体的、统一的行为。

右脑的主要功能是让人关注整体，同时也注重复杂的社会和情感环境。右脑是强有力的情感处理器，它管理着了解他人情感、有同理心、自我反思和自我安慰的过程。右脑也是图像化思维、音乐和艺术天

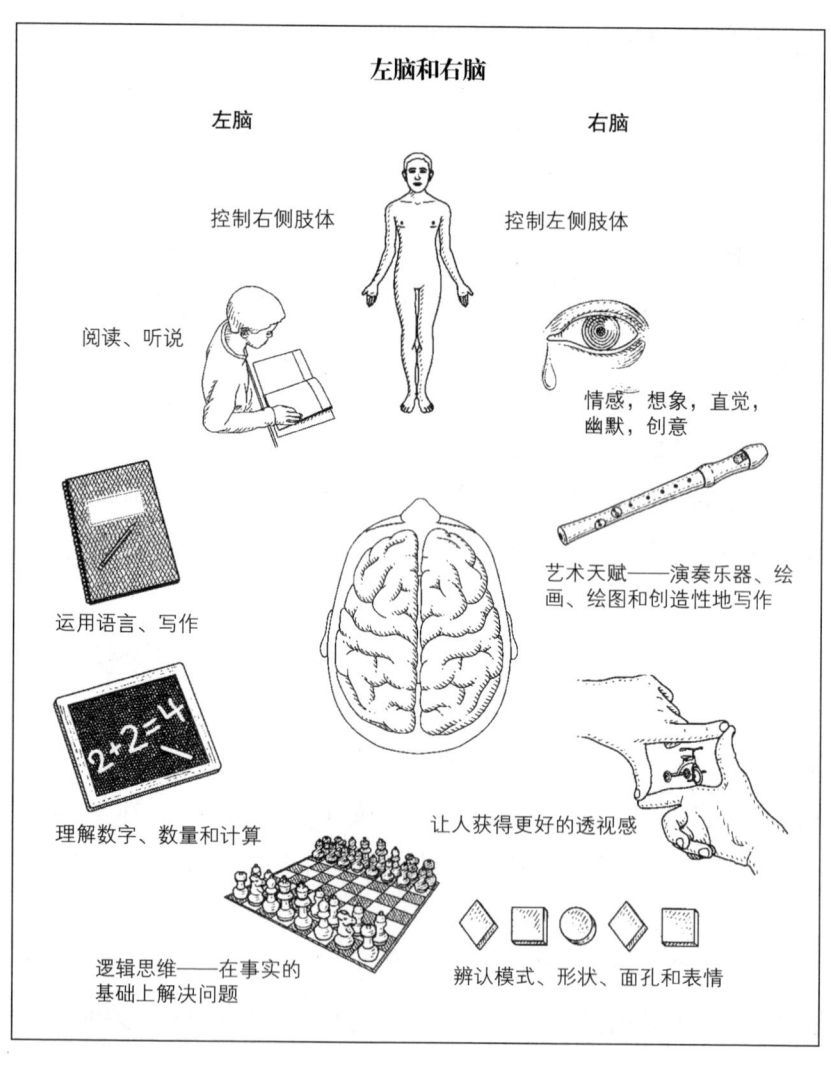

赋的指挥部。右脑关注情境和反应模式，所以也被称作"异常侦测者"（anomaly detector）。当右脑感知到某一新信息已经到达发挥作用的临界点时，它就会改变自己的信念系统，将新信息整合进自己的体系并做出反应。在乙酰胆碱的作用下，人的过往经历被储存在右脑的社会和情感记忆区域。右脑也肩负调节自主神经系统的一大部分功能。右脑占优势的孩子可能会到处乱跑，东西乱扔，但语言能力比较有限。而左脑占优势的孩子只关注比较具体的几件事情。大多数孩子和成人都是左脑占优势。左脑的主要神经递质是多巴胺，与短时记忆有关。它的主要功能是语言、理解和解释。为了做出简短和快速的决策，左脑会将感觉到的信息进行压缩，把它们变成单线的、有逻辑性的信息。这样一来，大脑所要处理的信息就大大减少了，但这一过程也会拒绝或歪曲某些自己不愿看到的信息，甚至努力尝试将方盖子盖到自己已经详细了解的圆杯子上。左脑喜欢探寻事物间的因果联系，它倾向于对事物进行归类，且判断什么是对的，什么是错的。

在美国，我们常常高估逻辑的左脑，同时低估更复杂但不善言辞的右脑。进化心理学家认为，我们已经进化出了各功能分区的大脑，所以我们可以一次只使用一个区域，而不至于心烦意乱，或精神不集中。

让我们来看看，如果左脑和右脑充分沟通，结果会怎样？在一次谈话当中，左脑会注意对方的语言信息：他讲了什么。而右脑则会关注对方的表达方式：他是怎么说的？右脑搜集情绪、表情、语音语调、身体姿势等信息，让客观的语言信息表现出细微的不同，或者引申出新的意义和联想。左、右脑同时发力，我们才能通过综合语言的和非语言的不同水平的信息达到更加透彻的理解。左、右脑携手合作的另一个例子是孩子写作文。他先用右脑搜寻自己喜欢的话题，创造性地想出自己的观点。然后，他用左脑列出大纲，再用逻辑组织自己的语言。

大脑全图

> 永远不要弃置你的独特天赋，听从它的指引做你自己，然后你就会有所不同。
>
> ——悉尼·史密斯（Sydney Smith），英国作家，牧师

让我们来看看，在孩子成长的过程当中，他的大脑的四个部分的活动强度是如何变化的。在孩子的一生当中，一岁半（18个月）是一个巨大的转折点。这时，大脑的功能在几个区域之间发生切换，有的功能削弱了，有的功能加强了。右脑、杏仁核后部和交感神经系统在婴儿期就已经成熟，并且在一岁半之前一直处于主导地位。这使孩子有很强的情感反应来吸引父母注意，追寻快乐，同时也给予他很强的动力来学习走路。大约在一岁半，孩子的左脑、海马体前部和副交感神经系统的活动开始增强。这让他的节奏减慢下来，以方便他学习如厕，提高听力和语言技能。这时，孩子的记忆力已经有所提升，这也有利于他掌握上面的那些技能。

注重情感和图像化的右脑会在孩子3岁之前一直处于主导地位。我们已经讨论过，有的孩子的右脑会持续主导他们的一生。怎样看出孩子是不是右脑占优势的呢？一个有趣的方法是，在孩子两三岁的时候，右脑占优势的孩子会大声对自己讲话。这样做是为了和他的左脑更好地沟通，并以此来提高自己的语言能力。内向孩子的交感神经系统并不活跃，因此他们可能会不常走动或说话。而外向孩子可能会因为副交感神经系统的抑制而"歇"不下来，以致耽误听力和语言技能的发展。

尽管你不能改变孩子的脑神经回路，但你仍然可以用一种非常简便的方式来帮助他协调四个大脑功能分区（指前叶、后叶、左脑、右脑）的活动。你可以给他讲你从前遇到过的事情，也可以鼓励孩子把他的故事讲给你听。互相分享有情节的故事能让孩子大脑的四个功能分区紧密

> **大脑的特性**
>
> - 孩子出生时，大脑的成熟度只有25%。我们也知道，控制思维与感受的大脑前叶到30岁左右才能完全发育成熟。
> - 基因能够影响大脑发育。在大脑发育和成熟的过程当中，如果环境比较理想，这些基因就会持续地保持激活状态。
> - 怀抱婴儿并轻抚他们能促进宝宝的身心发育。
> - 为了帮助自身理解事物，大脑会建立某种形式的地图。当有人拍你肩膀的时候，你知道肩膀在哪里，因为你的大脑已经建立了关于你的身体的内部地图。
> - 绝大多数的大脑功能是下意识的，我们感觉不到。
> - 如果想觉察大脑的功能，这需要做一番努力。
> - 大脑将感知到的信息拆分后再存入遍布大脑的不同"仓库"，当我们提取信息时，我们必须把这些拆分后的信息重新组合起来。
> - 大脑有不同的功能，它依靠联系来工作，不同的部分之间是有联系的。
> - 所有的感觉都有快速、简单的神经回路以及慢速、复杂的神经回路。
> - 大脑总是在反应速度与准确性之间纠结。

地联系起来，能让孩子的内在世界同外部世界相沟通，并且帮助他深入思考，同时把经历过的事情存入记忆库。这样做也能加深我们和孩子之间的感情，因为听故事能丰富我们的经历，而有人听我们讲故事也能给我们带来极大的满足。

对于内向孩子的父母来说，这一点尤其关键。外向的孩子在外向的世界里表演，这是他们的生活方式。他们依靠当下的感官信息和记忆来行动，他们说得快、讲得快、做得快，更多使用短时记忆。他们也需要互相分享故事，但不这样做也没有什么大碍。不过这样一来，他们就会欠缺一些自我反思的能力，以及发展社交技能的基本工具：模仿。

对于内向的孩子来说，他们生活在自己的内部世界当中，他们需要

记忆是怎样形成的

存储记忆是大脑极其重要的功能。

孩子需要记住各种各样的不同的信息，比如记住朋友，记住哪条狗比较友好，记住游戏的规则、系鞋带的方法，更不用说学校里老师教的东西了。为了避免过多的信息让大脑不堪重负，大脑已经进化出了一套复杂但却聪明的信息存储方式——短时记忆系统和长时记忆系统。短时记忆储存1分钟内发生的事情，它的储存形式是几幅画面，最多不超过7位的数字、字母或者成行的字符，对迅速思考很有帮助。这些记忆当中的99%都会被遗忘。长时记忆储存事实、事件和技能（比如如何骑自行车），同时也能辨认熟悉的事物，以及将情感与经历相搭配。

一般来说，外向的孩子更经常、也更善于使用短时记忆，而内向的孩子主要依赖长时记忆。这是因为，两种记忆类型所依赖的大脑区域不同。短时记忆的大脑区域位于外向孩子所主要依赖的神经回路周边，而长时记忆的大脑区域位于内向孩子所主要使用的神经回路周边。

所有的信息都需要经过强化和提取才能被记住。外向的孩子可能会觉得这很奇怪，而内向的孩子常常需要做出很大的努力才能将记忆快速地提取出来。因为对内向的孩子来说，有效激活长时记忆既需要时间，也需要特殊的方法。当被要求提取学过的信息时，内向孩子的大脑往往一片空白。当被老师点名提问时，他们就更加难堪了。

有人把他们拉回到外部世界当中。如果父母不善于倾听他们的想法并做出反馈，他们就可能迷失在自己的世界当中，他们的思想和情感就可能进入分裂状态，他们也不会把自己的经历存入自己所主要依赖的长时记忆系统。内向的孩子特别需要知道有人在外面的世界倾听他们的声音：

为了帮助内向的孩子提取长时记忆，我们可以向他解释说，记忆就像是拆成一块一块的拼图，它们被藏在了大脑的各个部位，这样你就可以把提取长时记忆的过程变成一个藏猫猫的游戏了。问你的孩子，当你说"风筝"的时候，他想到了什么。他能找到记忆的碎片吗？相关的记忆可能是他看到的风筝的颜色，或者是他想起拿着风筝的感觉，或者是他放飞风筝时的兴奋。

你也可以建议他坐下来，放松身体，展开想象，然后让各种画面、声音、感觉和其他知觉自由浮现。告诉他，只要想想大海的味道、比萨饼的味道、溜冰的感觉，或者他的表兄弟的面孔，他的记忆链条就会全部打开。每当你问他问题的时候，你都要留给他时间来回想他自己的想法和感受。比如你可以说："好好想一想，告诉我你想起了什么。"如果你的孩子忘记把东西放哪里了，你就鼓励他在房间里走走、看看。这样做能激活另一种记忆系统——存储地点的记忆系统。

为了帮助内向的孩子提高短时记忆能力，你可以让他把需要记忆的词、数字或名字跟一幅画面联系起来。比如通过联想杰克这个人来记忆他的名字，或者把他的名字大声朗读出来，然后把它同电影或小故事里的人物联系起来，这样做能让杰克这个名字在他的短时记忆里停留更久一些。此外，牌类游戏或其他需要短时记忆能力的游戏也能起到不错的效果。尽管需要大量的练习，你的宝贝仍然会逐渐地学会怎样从记忆库里更快地提取信息。

"我关心你——你的想法和感受都是真实的，都是非常重要的，你可以把它们整理出来运用到外部世界。"内向的孩子也需要试着把自己内心的想法拿到外部世界去作一番验证。这样做能强化上天给予他们的天赋，同时把大脑其他部位的巨大潜力激发出来。

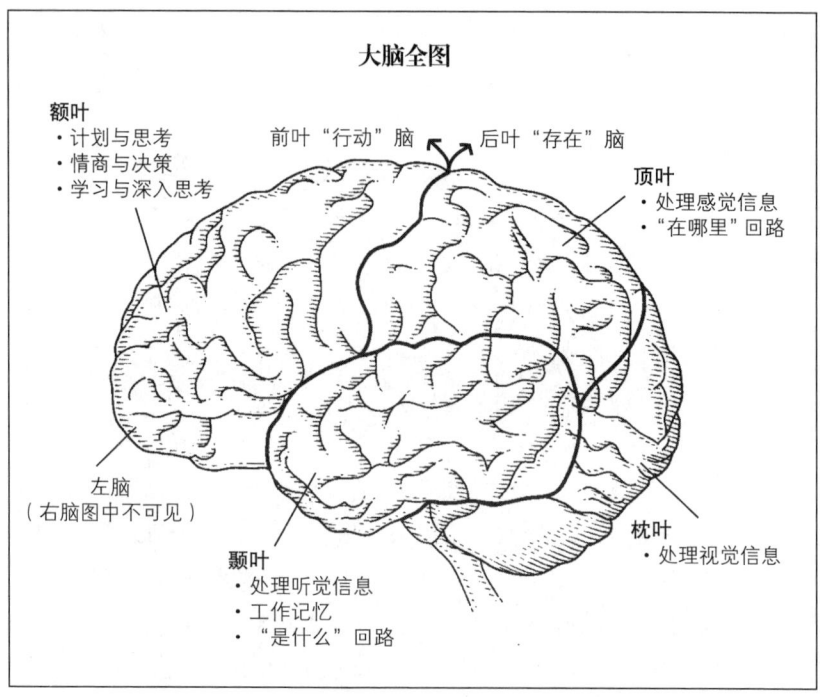

大脑分为左、右两个半球（图中只能看到左半球），之间由胼胝体连接。中央沟是大脑前叶和后叶的分界线。单侧大脑可分为四个区域：额叶、颞叶、顶叶和枕叶。

本章重点

◎ 内向孩子和外向孩子所依赖的大脑回路各不相同，并且主要使用功能正好相反的两种自主神经系统。

◎ 主要使用大脑前叶的孩子和主要使用大脑后叶的孩子的行为模式不一样；同样，主要依靠左脑的孩子和主要依靠右脑的孩子的行为模式也不一样。

◎ 所有的孩子都会使用不占优势的那部分大脑，但是这需要更多的努力，效果也比较有限。

第 3 章

在外向的世界中内向性格的优势

学习让孩子的潜在天赋更为显明

> 我们的文化只推崇外向型的生活方式,而对内心的旅程,就是对中心的探求却不以为然。正因如此,我们失却了中心,只得再次寻找。
>
> ——阿娜伊斯·宁（Anaïs Nin），法国作家

珍妮特是一位母亲,有两个孩子。她对我说,看着儿子科林在棒球场上的表现,她实在有点看不下去。科林 8 岁大,刚加入棒球队,只参加过几场比赛。珍妮特坦言道:"他的队友们都迫不及待地奔上球场,只有他畏缩不前,这让我太失望了。"她和丈夫都怀疑科林是否有足够的热情参与这项运动。做击球手时,科林的进攻表现也不够积极。像电影《为人父母》（Parenthood）中史蒂夫·马丁的儿子一样,球来了,他只是有气无力地挥挥球棒,球却和他擦身而过。

杰夫是一位离婚的单身父亲,他很担心 11 岁大的女儿莫莉。"跟人说话的时候,莫莉不是看着别人,却总是盯着自己的脚丫子看,"他说,"她说话很慢,有时话说到一半还会停下来考虑措辞。一想到别的孩子

可能会没耐心听她把话讲完，我就很担心。有时候等不及了，我就替她把话说完。这样做可能更糟，因为她干脆不愿意再说话了。"

意识到我们生活的世界是一个外向的世界后，许多内向孩子的家长开始为孩子担忧起来。我们的文化不欣赏内向的气质，这是事实。在今天的社会，口才和驾驭社交的能力等外向的品质得到了更多的重视。我们强调"动起来""走出去""说出来"、获胜和进取。有一种说法是，美国的发展，靠的就是那些能迅速适应新群体新环境、敏于行动、志在必得的人。所以，不论性格内向对个人意味着什么，一个内向的孩子终将承受一定的文化偏见。

内向的男孩

所有气质内向的人都会受到一定的歧视，但与内向的女孩相比，内向的男孩所面临的挑战更大。我们的文化一般不喜欢安静、温和、喜欢阅读等独自活动的男孩子。人们普遍认为，男性一词意味着自信、主动、勇于冒险和无所顾忌。任何对这种俗套的挑战都会受到质疑。只要想想儿童电视节目的偶像人物——已故的弗莱德·罗杰斯遭受了多少攻击，你就知道了。"罗杰斯先生"常被人嘲笑过于女性化、过于好心肠，也常有人说他是同性恋（其实他不是）。事实上，罗杰斯先生唯一的"罪状"只在于他给我们树立了一个优秀的男性行为的榜样，这种行为的表现是富有同情心和爱心。

研究证实，人们常用温柔、娴静和体贴来形容内向的女孩，而同样的特质放在男孩身上则被称为懦弱、消极和懒惰。如果你的内向孩子是男孩，请务必帮他树立起对自己的特质和能力的信心。鼓励他参与一些既能发挥他内向优势又被外向世界所欣赏的活动。比如，建议他去学武术，加入摄影小组或科学俱乐部，或者学一门乐器。我就认识一个内向的孩子，因为舞跳得很棒，他在就读的高中很受欢迎，尤其是在聚会上。谁知道呢？也许你的内向孩子长大后能成为下一个史蒂芬·斯皮尔伯格、比尔·盖茨、泰格·伍兹或者托比·马奎尔——他们都是内向的人！

社会学家把北美洲的文化理想概括为群体认可、自信、外在成就和成功，强调积极和突出的外在表现，这些标准已经被几乎所有的环境所接受，包括各类机构和教育系统，而它们正是内向的孩子即将面对的环境。更多的孩子在很小的时候就被送进了幼儿园和托儿所等集体当中。这对内向的孩子是个考验，因为对他们来说，此时进行家教会有更好的效果。长大一些后，他们才能更好地适应集体环境。许多学校不允许父母陪在孩子身边来引导他们融入集体环境。很多内向孩子的家长也没有认识到，自己应当陪在孩子身边帮助他们适应新环境。对社交能力的过分关注让家长甚至一部分老师认为，所有的孩子（甚至包括幼儿和学龄前的孩子）都应当把努力结交朋友和保持良好的人际关系作为成长的首要目标。

一个人与其自身文化的协调程度会对他的自信心造成不可避免的影响。美国社会更推崇外向的气质，这种偏好也逃不过感觉敏锐的内向孩子的眼睛。我曾经与一对夫妇共事，他们有一个4岁大的孩子叫吉尔，就读于一家有名的幼儿园。那家幼儿园用自制的社会关系网图来描述一个班里孩子们之间的伙伴关系。幼儿园向我的同事展示了一张这样的关系网图。幼儿园园长指出，从图上可以看出，吉尔平时的玩伴只有一个，鉴于此，幼儿园建议他们帮助吉尔改进他落后的社交能力。关于这一点，吉尔问父母："泰瑞老师说，汉娜和我必须要和所有别的孩子玩。但是，除了我，班里只有汉娜懂木乃伊。而且，她也喜欢和我玩假扮考古学家的游戏。我们俩这样在一起玩有什么不对吗？"

并非所有的文化都推崇外向的气质。研究人员把社会文化划分为两类，即"低语境"文化和"高语境"文化。低语境文化偏爱直接明了的交流方式，其文化理想表现为关注外部世界的现实和实际细节。美国、德国和瑞士是低语境文化的代表。这类文化关注人和事物，注重决策和行动的速度，崇尚轻松自在、有亲和力的社交方式。在这种环境中与人谈话时，你不需要仔细推敲就可以直观地理解对方的意思。

气质多样化的优势

《纽约时报》最近报道了一则刊载于《神经科学与生物行为评论》(*Neuroscience and Biobehavioral Reviews*)的消息。消息称,英国、德国、荷兰、法国以及加州大学伯克利分校的研究者们正试图进一步证明脑神经生物学与个性特质的相关性。这些研究者想知道,为何大自然没有选择在物种身上造就单一的标准个性,为什么大自然坚持让一系列不同的个性特质存在?为了回答这个问题,研究人员对基因和环境是如何影响个性的各个方面做了研究。他们观察到动物身上具有一系列与人类相似的个性特质。这些特质分属多个不同的个性维度,其中最重要的一个维度就是内向/外向性格连续体。他们得出结论:把人和动物的一系列行为反应编入基因能够让他们在环境发生变化时获得更大的生存机会。基斯·范·奥尔斯(Dr. Kees van Oers)博士在德国的研究发现,在食物匮乏的年份,敢于大胆行动的雌性山雀的生存表现优于行动迟疑的雌性山雀,而行动迟疑的雄性山雀的生存率却高于行为大胆的雄性山雀。在食物丰足的年份,情况正好相反。范·奥尔斯博士最后得出结论:当食物匮乏时,胆子大的雌性山雀能够把精力用到觅食上,而行动迟疑的雄性山雀较少参与和同类的争斗,所以消耗能量更少。当食物充足时,胆子大的雄性山雀能够打架觅食两不耽误,而行动迟疑的雌性山雀也不必为了生存参与争斗。

对动物的研究有助于研究者分析环境与基因哪个对个性的塑造作用更大。动物的寿命比人类短,所以跟踪研究几代动物得到结果的速度要远快于对几代人的研究。研究鬣狗的塞缪尔·高斯林博士表示:"如果人类的母亲同意在分娩后调换孩子,那么这样的研究将会非常有价值,但是她们不会同意这样做。"

所有作这些研究的研究人员都发现,无论是人还是动物,他(它)们的气质都在很大程度上取决于大脑的结构和功能。和人类一样,动物也拥有稳定连贯、持续终身的气质。

与低语境文化相比，高语境文化注重审慎含蓄的表达方式和非言语性的暗示。日本、北欧诸国、美洲印第安部落文化和中国是高语境文化的代表。这些社会重视感觉、思想和情感等内心世界的活动，青睐较为从容、审慎和复杂的社会行为。来自这类文化的人具多面性的特点。在来自低语境文化的人们眼中，他们甚至是神秘的。在高语境文化中，一个眼神能够传达很多的深意。

研究证实，大多数西方文化都把外向气质表现奉为行为标准。由于内向的人喜欢把注意力放在内心世界，那么在不太涉足这一领域的外向的人看来，他们就显得非常神秘。对于喜欢甚至要求知晓别人态度的外向的人来说，内向的人的这一特点就会让他们感到不安。外向的人觉得内向的人（甚至包括内向的孩子）冷漠、不够积极和自信，总是一副藏着掖着、神神秘秘的样子。而内向孩子从外界反应当中获得的信息是，他有些不对劲，他不应该像他现在的样子。

邦妮·戈登（Bonnie Golden）是一位教育学硕士出身的教师和研究者，她作了一项调查，目的是探究外向的人是否因为更符合所处社会的文化标准而具有更强的自信心。她采访了258名大学三年级的学生，其中既有内向也有外向的人。她询问了这些学生在不同环境（包括学校、家庭和朋友圈子）当中的自信感以及他们内在的自信感。不出所料，外向的人感觉更自信。对外向的人而言，实现目标是他们自信心提高的首要条件，而对内向的人来说，要提高自信心，首先要获得的是被他人欣赏的感觉。

这一事实对抚养内向孩子意味着什么呢？在探讨个性类型的《天赋各异》（*Gifts Differing*）一书中，伊莎贝尔·梅尔斯（Isabel Myers）谈到，外向已经被看作是一种健康的社交化表现，而非仅仅是一种气质类型，这一点使内向的人在西方文化中陷入不利的地位。

身为家长的你负有双重的职责：其一，你要为孩子重塑以下的观念，即内向是一种气质类型，而非外向失败的表现，这一做法的重要性在于,要让孩子更坦然地接受自己,使他在表达自己需求的时候不再感到羞愧;其二,下面的章节也将谈到,就是你要帮助孩子获得在外向世界中健康成长所需的工具。

或许,父母能做的最重要的一件事就是接受你的孩子,肯定他的气质。当自己的气质被外界所接受时,内向的孩子就能获得实践、发展外向能力所需的自信。正像戈登研究中那些内向的人所说的那样,他们需要别人理解,重视他们的天性和能力。

内向性格的优势

> 改变想法的同时,你的世界也跟着变了。
> ——诺曼·文森特·皮尔(Norman Vincent Peale),《积极思维的力量》作者

尽管任何两个内向的人都不可能完全相同,但他们在为人处世方面确实比较相似。可遗憾的是,我们已经知道,这种为人处世的方式往往会遭到他人的轻视和误解。不过,如果仔细观察内向的人,外向的人就能从他们身上学到很多东西。

在美国,外向者的人数是内向者的3倍,在这一事实面前,美国文化无疑会推崇行动甚于思考。在我看来,美国文化甚至在推崇过度的行动。内向的人有一种需要,这种需要就是用思考来平衡行动。如此一来,外向的人就能把内向的人视做生活的"锚点",并抵消掉自身疲于奔命的倾向。内向的人提醒我们三思而行,提醒我们放慢速度,也提醒我们享受闲适,静心思考。

内向的人拓展了人类生活的可能性,让我们知道,生活并非只有一种。如果缺乏内向性的平衡因素,外向的人就会变得过于外化,过于依赖他人的看法。内向的人可以向外向的人展示自省生活的价值,并提醒我们所有人,每个人的视角都有其价值和用途。外向的人可能会过于以

他人为导向，以致顾不上思考自己的需要和想法。

外向的人有时会不假思索地做出反应，内向的人则证明了停下来品味自省的重要性。内向的人的行为深思熟虑，表明了从容行动的益处。他们提醒我们放慢生活节奏、保存精力和恢复自我。即使是外向的人也需要不时地从喧嚣中抽身。在这一点上，内向的人能让外向的人看到，怎样做才能让自己感觉悠然和舒适。

内向的人喜欢集中注意力对一件事进行深入的探索，并能树立长期的目标，而且这些目标都建立在完备思考的基础上。他们喜欢评价自己的行为成果，喜欢充分品味他们已有的成就，而不是马不停蹄地投入下一个挑战。内向的人向我们展示了如何生活在当下，如何去欣赏苹果上的一点晕红，金银花的阵阵芬芳，花园里鸟儿的几声啼唱。他们提醒我们静下心来倾听来自我们内心的声音。

帮助内向的孩子挖掘自身的优势

> 智慧就是这样一种素质，它能让你远离那些需要智慧才能应付的处境。
>
> ——道格·拉森（Doug Larson），美国报纸专栏作家

内向孩子固有的生理构造使他们拥有了以下 12 个优势。只要有家长帮助，他们就能了解和运用这些潜能和才智。一旦领会并学会如何正确运用这些优势，内向的孩子就能踏上充实生活的道路。

优势之一：内向的人拥有丰富的内心生活

"你信上帝吗？" 7 岁的亚当见面时这么问我，接着他又说，"我们家没有宗教信仰，但是我的朋友克萨每个星期天都去教堂。"听到他对宗教感兴趣，我回答说："是的，我信上帝。听上去你似乎在思考关于上

帝和别人信什么的事。全世界，人们有各种各样不同的宗教信仰。""我仍然在考虑这个问题。"他回答。我几乎可以看出他的小脑袋正在为这个问题打转。"我相信你自己能拿定主意要信什么。"我补充道。

内向的孩子知道，他们有一个内心的世界，这个世界鲜活生动，从来没有离开过他们。他们并非总是去寻求他人的帮助，而是依靠内心的资源指引生活。在远离物质世界、私密的心灵花园中，他们全神思考，梳理自身纷繁的思绪和情感。这使他们能更深层次地体验生活。内向的人渴望了解事物的含义，想知道为什么有些事情是重要的；他们不怕复杂深奥的问题；他们能跳出自身的局限以旁观者的视角来反省自己的行为。可是，正像许多事情一样，这种内向的品性也是一把双刃剑，既给他们提供了丰富的心灵资源，又为他们带去了孤独和寂寞。

内向的孩子渴望了解自己和自己身边的人，他们想弄明白，人的行为动机是什么。他们是观察者，留心其他孩子的举动。由于内心的思想和感受是他们反应的基准，所以他们不大容易受到同伴压力的影响。作决定时，他们以自己的价值观和标准为基础，不会随波逐流，人云亦云。

关键的一步是，父母和其他对内向孩子成长具有重要影响的人要帮助孩子表达自己的意见和想法。没有与人交谈的经验，内向的孩子将没法学会珍视、信任和运用他们的内在性品质；没有与心思相近的孩子或成人的足够交流，内向的孩子会觉得没有人跟他们分享经历，觉得独自思考的取向把他们与别的孩子隔离开来。如果内向的孩子有机会与其他孩子分享他们的思想和感受，他们就不会觉得那么孤单了。如果情况真是这样，那么所有的人都将从中受益。

珍视孩子的内在性品质，跟他聊聊你的想法和感受，征求并倾听他的意见。确保在说话当中进行必要的停顿，让他有充足的时间思考和回答你的问题。认识到内向的人在乎与他人有关的事，包括他人行为的目的、含义和他人的感受。比如，想办法让孩子主动参与到他感兴趣的事情上，帮他交个异国的笔友，或者鼓励他以他觉得舒服的方式参加一个

　　内向的人向我们展示了如何"停下来品味生活"。内向的孩子咀嚼生活的点滴,品味被许多人视而不见的细节。吸引他们的东西不必耀眼,不必花哨。他们一般不必离家就能充实并快乐着。

慈善活动。如果你自己没有宗教信仰，你可以找一个指导者或有宗教信仰的人来听孩子倾诉他关于宗教的想法和疑惑。帮助孩子理解他的种种观察，支持他对自然的欣赏，弱化他的孤立感，给予他发挥同情心的途径。

优势之二：内向的人懂得停下来品味生活

伊莎贝拉的妈妈对玛西的爸爸说："我成天听到的都是'我想去玛西家玩，玛西有她自己的房间'。"与两个闹哄哄、气质外向的姐姐同屋的伊莎贝拉钟爱玛西房间的安宁和清静。在玛西的眼中，自己的房间就是一处温暖的港湾，在那里，她能长时间自娱自乐，观察她的宠物热带鱼，再画几笔自然水彩画。有时，她也喜欢邀请朋友来分享这片宁静的园地。尤其是伊莎贝拉，她非常喜欢从这个私人空间的安逸和宁静中吸取能量。

内向的人向我们展示了如何"停下来品味生活"。内向的孩子咀嚼生活的点滴，品味被许多人视而不见的细节。吸引他们的东西不必耀眼，不必花哨。他们一般不必离家就能充实并快乐着。

经典电影《杀死一只知更鸟》的开场镜头是小司各特那只破旧的雪茄盒。镜头缓慢移动，呈现盒子的全景，吸引我们进入小司各特神秘的内心世界。盒子里有银币、弹球、蜡笔、珠子、玩偶、一只口琴和一块怀表。我们立刻意识到，小司各特珍视生活中的点滴小事，正是这些小玩意儿给了她很多的慰藉。（扮演小司各特的女演员玛丽·贝德翰是个气质内向的人。谈到参演本片，她说感觉自己像被困在一个从天而降的玻璃瓶子里，任周遭的人观看。此后，她再也没有出演过任何影片。）

内向的人提醒我们，生活并不需要那么多花哨的物质点缀。他们步履从容，专注于生活带来的简单愉悦。一次漫步、一次穿过草坪水雾的疾跑、一顶用毯子搭在客厅里的帐篷、一遍又一遍观看《贵妇和流浪汉》、待在家里涂涂画画——你需要肯定你的内向孩子这些细心生活的能力。你自己也要不时地放慢脚步，与孩子一起分享这些快乐。内向的孩子提醒我们，真正的生活就蕴涵在这些片刻当中。

优势之三：内向的人热爱学习

"你知道土星环是由什么组成的？"贾斯汀一迈进我的办公室，就抛过来一个问题。一个星期前，我俩一起在一本科普书上察看了土星的图片。"我觉得帕萨迪纳喷气推进实验室的网站上会有图片，"我主动提议，"想看看吗？""好。"对这个提议，他表现出了不同寻常的兴奋。接下来的情景是，我俩一起趴在电脑前观看美妙的土星环近距离特写，不时发出"喔""啊"的赞叹声。8岁的贾斯汀问了一些关于土星环的组成和构造问题。他的问题既有见地，也表现了他对相关知识有所涉猎。从中，我本人对贾斯汀这个孩子也有了更多的认识。

颇具讽刺意味的是，贾斯汀的父母当初把他带来见我，是担心他的智力有问题。虽然贾斯汀在学校的表现并不那么出色——他难以承受外向式课堂教学环境中的强烈刺激——但是他对知识的渴求是显而易见的。

总的说来，大多数内向的孩子长大后会上大学。在大学里，他们会开始以一种全然不同的方式享受学习，因为他们的学习方法更适合接受高等教育。大学的教学方式让许多内向型的专长得以发挥。例如，通过讲座学习知识，以短论文的方式接受考核，分析复杂的问题，主动学习以及自选兴趣课程。此外，大学的学习要求优秀的阅读与写作能力，而许多内向的孩子文笔很好。他们多半坚持写日记，或者在别人不知道的情况下进行一些别的类型的写作（抽屉里的小说已是众所周知）。他们也多半享受阅读。在这方面，内向的孩子可以偏爱大声阅读（在没有压力的情况下）、默读或者听别人阅读（或听有声书）。

你要支持孩子对学习的热爱。丰富的信息是内向孩子的大脑所必需的精神营养。内向的孩子不断地把自己学到的东西和自己的经历相比对，这种内心的对话一直在持续进行着。如果没有有趣的信息激发他们思考，他们就会感觉烦闷，开始自责，甚至变得抑郁。他们需要大量的信息输入来满足自己的好奇心和兴趣。

当孩子年幼时，给他办张图书卡，然后带他到图书馆里享受一段读故事的时光；定期到附近的图书馆去，安排充足的时间挑选图书；跟孩子聊聊他读的书籍和看的电影，让他明白，书和电影不只是消遣，也是扩展视野和联系他人的工具；注意观察他的兴趣点在何处，并且帮他搜索那个方面的相关资料。与许多孩子一样，内向的孩子喜欢"非正式学习"胜过坐在课堂里听课。他们常让人——特别是他们的老师——感到诧异，因为他们知识面广，知之甚多。在工作中，我曾接触到很多不满5岁的内向孩子，他们对恐龙的了解程度足以让他们给探索频道的纪录片当解说。他们能告诉我，剑龙和翼龙是存在于侏罗纪还是白垩纪，是食肉类还是食草类，怎么养育后代，主要对手是什么。当一个内向的孩子开始畅谈他所钟爱的话题时，一扇信息的大门仿佛就打开在了你的面前。

优势之四：内向的人善于创造性思维

6岁大的蒂亚和妈妈刚搬到新家时，蒂亚一到晚上就感到害怕，在她的新房间里难以入睡。经过讨论，她和妈妈找到了一个解决办法，妈妈到蒂亚的上铺睡一个星期。一个星期就要过去了，蒂亚却还是在夜里哭，无法适应。妈妈也开始有点灰心。一次经过客厅时，蒂亚轻声问妈妈："我们能换房间吗？我觉得这样可能更好一点。"妈妈觉得很奇怪，因为蒂亚的房间又宽敞，又明亮，又是她自己挑选的。不过，妈妈也开始认识到，蒂亚想住的是那间小一些、更靠近整套房子中心的房间。她在那儿或许会更有安全感。换房间后，果然，蒂亚慢慢地睡着了。惊叹于孩子能提出这个建议，妈妈也高兴地回房睡了。

内向的孩子是富于创造性的问题解决者。我每次问他们什么问题，他们都能给我印象深刻的回答。他们广纳各方信息，再用一定的时间思考，最后给出有创新性的答案。他们下意识地分析数据，甚至没有认识到自己观察到了这些数据。只要给予他们充分的信息处理时间,他们就能对比分析,预测事物发生的模式,然后把这些模式放到自己主观思想和主观印象的背景中加以分析,并最终得出复杂的结论。他们的想法新颖独特,不受惯有思维定势的束缚。

我问蒂亚的母亲,她是否就蒂亚的意见表扬了她。她回答:"我跟蒂亚说,那真是个好主意,我非常高兴她能想到并提出跟我换房。"我称赞了这位母亲,她不但能听取女儿对问题的解决办法,而且还最终实现了它。

为了鼓励孩子的原创性思维,你应当就不同的问题征求孩子的意见。如果你遇到了让你左右为难的事,问问孩子,看他有什么解决办法;在他苦恼的时候,帮他分析他自身所拥有的解决问题的能力。当然,这是问题最困难时的办法。帮助孩子培养起能够获得新颖想法的创造性方法。让他以自己的烦恼为题画幅画,编个故事或者编一出木偶剧,写首诗或者写一首歌。让他明白,这个过程本身就能带来有趣的结果。

要想一窥内向孩子迷人的内心世界,这是再好不过的办法了。留心孩子提出的问题,因为你或许也可能从中受益。举个例子,宝丽来公司的创始人,也是该公司1937年到1982年的领导者埃德温·兰德,就是被他3岁的女儿激发了灵感,发明了一次成像相机。特别是有一次,他的女儿问了一个超出她年龄的问题:"为什么我看不到你刚给我照的照片?"他认真思考了这个难题,最终在一个小时内把它给解决了。其成果就是这项获利颇丰的发明。

优势之五:内向的人擅长艺术创作

不拘一格的思维和内在性品质与创造力密切相关。我总为我的大大小小的气质内向型来访者提供艺术工具,让他们有机会表达自己的内心,从而省却所有让人疲惫的交谈。一个5岁的小女孩给我做了一本关于她生活的微型书:10页细致的彩色铅笔素描,每一页都描绘了她一天生活中的一个复杂场景：早上醒来、吃早饭、在学校、吃晚餐、跟她的小狗萨米玩、看电视、就寝时。书中也包含了她生活中出现的一系列角色：她的家人、朋友和老师，当然还有萨米。许多内向的人是作家、艺术家、舞者、演员和音乐家，或者以其他途径发挥着自己的创造力。我办公室墙上的一排排的油画、摄影、陶瓷、诗歌以及刺绣作品都是来自这么多年来我的气质内向的来访者的赠予。

艺术家玛丽·恩格尔布莱特（Mary Engelbreit）以天马行空的想象力和携带怀旧情绪的作品而闻名，她就是个典型的具有创造性的内向型人。年仅11岁时她就宣布自己长大后要成为一名艺术家。上学时，老师和同学对所学的内容只做浅显的讨论，这让她感到非常灰心。在长时间的独处和读书的间隙，她开始练习素描，并通过临摹其他艺术家的作品自学了绘画。在谈到玛丽锲而不舍的劲头时，她的母亲说，很明显，终有一日她的才能会得到发挥。玛丽没上大学，而是直接到了当地的一个艺术用品供应店"艺术超市"全职打工。在艺术超市的工作让她接触到了当地的艺术群体，也结识了许多艺术家，而她所就读的高中的辅导员却为此决定而大吃一惊，并提出反对："不，你不能那么做！"如今，恩格尔布莱特已是一家成功的公司的管理者，而公司立足的基础正是她的艺术才能。

创造力与"见"有关——不必见得多，而是要别具视角。有创造性的人能捕捉周遭世界的片断，并在内心世界里将这些片断重组为崭新的或具有革新意义的作品。

鼓励你内向孩子的创造性。给予孩子使用艺术用具的便利，即便它们会造成清理的麻烦；还有乐器，即便它们吵吵闹闹。给予孩子自由和表达的权力，让他没有受批评的压力。鼓励孩子把让他印象深刻的经历写出来；提供他上舞蹈、声乐、表演和音乐课的机会；带他去参观博物馆、欣赏音乐会、逛跳蚤市场、观看戏剧——带他到各种不同的地方，让他看看别人是怎么用各种美妙的方式来表达他们的创造力的。

优势之六：内向的人情商很高

听内向的孩子描述他们的感受，你总能得到启发。在一次讲述中，6岁的达林说："中午在学校吃饭的时候，莫莉不愿意跟我玩，让我挺难受的。她想跟女孩们玩，于是我就一个人走开了。过了一会儿，我问乔伊想不想和我一起玩球，他说好的。"面对拒绝，很多成年人都很难处理得这么好。达林对他的情绪有所感受。他先让自己冷静下来，分析所处的状况，然后冒着再次被拒绝的风险去接近另一个朋友。遭遇学校活动场上常见的挫折，他很快就振作了起来，找到了新的玩伴。

内向孩子的情绪反应偏慢，因此，家长们可能并不知道自己的孩子对他们自身的情绪有多么明了。在用言语清晰表达这些情绪之前，内向的孩子可能不知道自己的情绪是什么样子。遇到事情时，内向的孩子可能外在表现沉着冷静，甚至稍显踌躇，而内心却在整理种种复杂的想法和情绪。他的耐心使他能揣摩自己反应的细微之处。在对事情做出反应之前，他首先要充分了解那件事情，然后再有条不紊地推导出一个结果可预见的行动方案。一般来说，内向的孩子只在感到紧张、疲惫、饥饿或者有威胁的情况下才会爆发出激烈的情绪。

由于内向的孩子对自身情绪有所感知，他们通常能体会到别的孩子的感受，很容易设身处地地考虑别人的处境。当孩子对你的感受有所疑问，或询问你对他人感受的意见时，请坦率作答，以免否定了他们的感知能力。比如这么答："内特，当你说想跟爸爸单独谈话的时候，你问是否伤害到了我的感受，足见你很能体谅人。我不介意你的要求，但还是谢谢你这么问。"内向的孩子倾向于较早地形成道德及伦理意识，具有超出他们年龄的聪慧。不同于人们的臆断，内向的孩子在集体中表现很好。

对你的内向孩子在情绪方面的长处要表示赞赏。情商对成功至关重要，因为生活中很多时候需要跟人打交道。不过要记住，大脑的所有部分中，情绪控制中枢的发育最迟，所以培养那些情绪管理能力需要更长的时间。如果你的孩子心地善良，你就应当对他的这一品格表示欣赏。让他知道同情心无论对于男孩还是女孩，都是一种值得拥有的优秀品质。更何况，同情心在目前我们生活的世界还非常匮乏。

优势之七：内向的人天生精通谈话的艺术

"我注意到你爱读书，"10岁的玛塔看着我的书架说，"你最喜欢哪一本？有你读过不止一遍的书吗？""嗯，"我回答道，"它们当中的大多我都读过很多遍，我最喜欢的书有好多本——你最喜欢的书是什么？""我最喜欢的两本书是《赐予者》和《平凡的高个儿莎拉》。你读过吗？""读过，而且我也很喜欢。你为什么喜欢这两本书？"我和玛塔一边讨论着我们彼此最钟爱的书籍，一边把谈话逐渐深入下去，而在平时，我与很多成人的交流在内容上都不会有这么丰富。

这也许是内向孩子所拥有的最出人意料的天赋。内向的孩子——通常在学校或聚会上羞怯不语——可能是暗藏的谈话艺术大师，这一发现还是让人非常震撼的。内向的孩子爱倾听。他们值得信赖，坦率而可靠；他们提问，但不插嘴；他们给予有见解性的评论；他们能保守秘密；他们对朋友说过的话很上心；他们善于领会他人的暗示。

内向的人通常与家人相处融洽。长到青春期或成年以后，他们能成为家里的中心人物（尽管有时退居幕后）。他们所具有的镇静能量有舒缓作用，能帮助焦虑的人平静心绪。内向的人擅长一对一的人际关系，他们通常会选择需要这一优势的职业。

辅导你的内向孩子提高谈话能力。表扬他倾听、提问题、记住别人讲话内容和参与互动式谈话的能力。指出社交性的闲聊和真正的谈话有什么区别，提示坦率真诚的交谈是持久友谊的基础。内向的人需要明白，在谈话中表现兴趣和风趣是维持深层次友谊的一种优秀能力。帮助你的内向孩子交到一些朋友，这些朋友能与其就某些话题进行更复杂的探讨。

优势之八：内向的人乐于自处

蒂娜的爸爸出差回来，家里其他的孩子都冲过去给爸爸一个拥抱，而蒂娜却沉浸在关于鲸鱼的七年级科学报告中，对家中的喧闹全然不闻。过了一会儿，爸爸探了个头到她的房间，看看她在做什么，她才笑着问："嘿！爸爸，你什么时候到家的？""刚回来，我就来跟你打个招呼。晚点咱们再聊。"蒂娜的爸爸知道蒂娜现在一门心思都在她的科学报告上，等她忙完了，她会出来和家里人说话的。

内向的孩子乐于独处，无须外部活动便有事可忙，有充实感。他们具有高度的聚精会神的能力，甚至心无旁骛到不觉世事的程度。他们全然沉浸在一个课题、一本书或一部电影当中，体会其中的感觉。记住，他们专心时能获得巨大的快感。

让你的内向孩子明白，乐于自处是一种天赋。不经常性地依赖他人才叫作自由自在，这是独立品质的关键部分，也是内向的人所擅长的诸多理想职业的核心要求。所以，你应当不断指导你的孩子如何衡量和平衡他的社交时间。注意一种情况，有时他可能会觉得，和别的孩子一起玩能让他精神振奋，但事实并非如此。这时你可以提醒他，他可以另外找时间和朋友们玩。

优势之九：内向的人拥有可喜的谦虚态度

赛迪是一个我在工作中接触到的内向孩子。一次，我俩正在玩她的草莓甜心娃娃，她莫名其妙地冒出这么一句话："我不想上电视。"因为住在洛杉矶，我接触到了很多身处演艺圈的孩子。于是，我问她："有人请你上电视吗？""没有。但是，学校里的孩子们都说想上电视。我说我不想上，他们就说我是怪人。我觉得上电视没什么意思，那么多闪光灯都快把人给闪死了，神经也绷得紧紧的。""你想做让自己感觉舒服的事，这挺好的，"我笑着说，"你才不是怪人呢。"

在我们当今这个名人时代，似乎每个人都渴望出点风头，成为众人瞩目的焦点。谦虚似乎已经过时。目前电视真人秀的风潮造成一种印象，似乎任何人都可以，而且都应该上电视。听到接受我咨询的那么多孩子说，他们人生的最大愿望就是上电视，我就不寒而栗。我失望于他们把名气和被人关注本身当作人生的目标。如今，许多孩子硬被要求参加一些招摇的竞争性项目，比如体育运动或拉拉队，以便家长们能自夸自耀。说"我是最好"被误认为是自信心。我们最后看到的是这些求胜心切的孩子，一旦不能拿第一，就会在转瞬间垂头丧气。孩子们参加各种各样的运动队、舞蹈队、歌唱队、科学小组和各种学术小组。家长们在孩子表演的时候热烈鼓掌。孩子表现一般也能收获一堆金牌。

所以，有几个不向往聚光灯的内向孩子是好事。这些孩子热爱操场上的嬉戏，不在意自己是在观众席中而不是在舞台上。他们内敛自持，不喜欢受到太多的刺激和关注。在合适的条件下，他们可以承受关注。不过，在绝大多数的时间当中，一个内向的孩子会因为受关注而感到不自在，并进而想要逃离。如果太受人瞩目，或被硬推到高压环境当中，内向的孩子可能真的会感受到身体和精神上的痛苦。

请对你的内向孩子抗拒成为焦点表示欣赏，让他知道身处焦点之外真的没什么大不了。但是，谨记内向的孩子希望他们的成绩被认可，特别在他们觉得受之无愧的时候。喜欢私下的表扬是一种优点。实际上，谦虚的态度既是自信的反映，也能增强自信。

优势之十：内向的人容易养成健康的习惯

"看到我上的石膏了吗？想在上面签名吗？"乔纳森一边说，一边给我展示他打了石膏的手臂：石膏模子上有许多涂鸦和彩色墨水的签名。"再过两周就要把它拿下了。看看我是不是什么事都能用另一只手做，挺有意思的。"他说。我给他的石膏添上了我的签名。他的妈妈说："我真不相信乔纳森能这么耐心对待胳膊骨折这件事。去年他哥哥手指骨折，结果他找了把园艺剪就把打上的石膏给剪掉了，因为他不想错过篮球训练。"

关于 A 型行为我们已经耳熟能详，但对研究者在行为研究中划分出的 B 型行为我们却少有听闻。在 A 型行为者身上，交感神经系统——即"逃跑—惊恐—战斗"方面——占主导。A 型行为者对身上这一系统的过度使用可类比为使劲开快车。加大油门，把车开到 80 迈，再猛踩刹车，一阵刺耳的摩擦声后车子停住。你这样开车，不用多久就能把车子开坏。在平衡和恢复自身系统的功能方面，外向的人可能有困难，他们的血压和心率也因此偏高。内向的人身上占主导的是神经系统的制动面，所以他们不会那么快地把身体弄得筋疲力尽。开车时，他们先让引擎空转，慢慢把车发动，再慢慢把它停下来。这也是为什么长寿常见于内向的人的原因之一。

新的医学研究表明，某一特定的个性特质影响健康选择。这些研究指出人的一些品质——如责任心、恒心、可靠性、适应性、三思而后行、诚实和没有虚荣心——造就一个更为健康的人。这些个性特质所蕴含的是对自己说"不"的能力。由于内向的人有时间慢下来练习自立和自我约束，所以他们更为律己，应对疾病的能力也优于外向的人。此外，他们还规避有风险的行为，而风险行为正是造成青年人意外伤害和意外死亡的罪魁祸首。

对你的内向孩子那些有益身心发展的健康选择表示称赞。内向的孩子常说他们想早点上床睡觉。你应当支持这个想法——你的孩子知道自己什么时候需要充电。通常情况下，如果内向的孩子了解了哪些食物是他们身体的必需，他们就会选择健康的饮食方式。在一天当中，他们可能需要多次少量地进食以维持能量，这时，你也要支持这种灵活的进餐时间。

优势之十一：内向的人是好公民

"能开车了，艾莉西亚很兴奋，是吗？"我问我8岁的外孙克里斯托弗。"是的。"他回答。"你长大后想不想开车？"我问他。"这个嘛，开车要遵守很多规则，所以我觉得开车一定很危险很可怕，"他说，"我可能会像克里斯蒂姑姑（我的小女儿）一样，再长大点再开车。""这也许是个好主意，"我说，"不过，有一天你也可能会改变想法。""我想我不会。"他说。因为克里斯蒂到如今开车时还小心翼翼，我对将来克里斯托弗会是个怎样的司机很好奇。我也感到很安心，因为这说明他长大以后会遵守规则，会慎重对待那些像开车一样不可草率的事情。

你的孩子长大后很可能也会成为一名有价值的公民。虽然社会对于罪犯有一个刻板的印象，认为他们是"不合群的人"。但是研究表明，外向的人，载着高能运转的多巴胺奖赏系统，实际上更容易扰乱社会秩序。他们追求快感和刺激。按比例算来，他们被捕和离婚的次数更多；成为工作狂、酗酒者、赌博成瘾者以及表现出各种反社会性行为的概率也更大。在行为决定上，生理和道德品质同样重要。对大多数内向的人而言，那些剧烈行为所带来的刺激对能量损耗实在太多，让他们没法承受。所以，犯罪行为得不偿失。

除去精力不同之外，内向的人通常有更强烈的内在价值感。他们一般信仰宗教，遵从内心道德的引导。他们站在更高的人类层面上看问题，努力当为则为。他们礼貌、谦恭、敢于否定自己。他们先思考，然后在知晓行为后果的基础上再去行动。如果他们犯了错，他们也能预料到犯错的后果。他们思而后言，重言所以诚信。他们都是社会的中坚公民。

对于孩子身上那些有助于他做出成熟决定的品质，你应当给予赞赏。加州大学洛杉矶分校的研究者彼得·威布罗（Peter C. Whybrow）在他的新书《美国的癫狂：当永远没个够的时候》（*When More Is Not Enough*）中称，人类变得愈发沉溺于一个奖励与需求驱动型的社会。同

最可能的神经回路

正如我们在第 2 章了解到的，大脑通过对多个回路的使用和再使用建立联系，久而久之，一些用得多的回路吸引了更多的神经流。观看极具刺激性（含暴力性）的电视节目或电影，反复打电子游戏，这些都是迅速连接左脑快速奖赏回路的行为。在《新大脑》(The New Brain)一书中，医学博士理查德·雷斯塔克（Richard Restak, M.D.）谈到了他对现代生活"改写"大脑方式的担忧。一切都变得如此快节奏。雷斯塔克博士好奇人们能否挤出掌握一门学科和技能所需的必要的时间。他谈到了"十年法则"，指出"要成为任何方面的专家，实践加抓细节，至少要花十年的时间。"内向的孩子在求知欲和对细微之处的观察上有优势。长时间地全心思考事物的深层次含义能给他们带来巨大的快感。没有这些快感，他们就不会学着珍视他们的脑能量。即使是内向的人也会对能带来类似吸食可卡因快感的多巴胺神经回路上瘾。我们需要教导内向的孩子珍惜他们自身的能力，并鼓励他们的好学精神。

作为家长，我们的任务在于要让我们的内向孩子明白，无论整个社会文化给他们传达了怎样的信息，他们的气质本身有许多优势。通过肯定孩子的长处，帮助他们在此基础上做改进而不是试图改变或掩盖它们，你就能完成上面的任务。

时他还表示，多巴胺回路优势和消费型社会的组合导致了这么一个局面，即人们感觉他们有需要，有需要，还有需要。结果就是贪欲和忧虑。但是，内向的孩子追求的是繁忙间隙短暂的安静期，他们关心个人选择对本身和公众造成的影响。

优势之十二：内向的人是良友

两个内向的孩子伊森和迪伦在幼儿园成了朋友。他们俩都喜欢编织富于想象力的冒险故事，喜欢打电脑游戏，或者结成密探二人组，合伙监视那些有坏表现的男孩。有一次，他们把一棵倒下的大树的树干想象成了他们用以横穿印度的大象坐骑。一年级的时候，迪伦搬走了，但两个孩子一直互通邮件和信件。到了周末和暑假，他们就互相拜访。在双方家庭的帮助下，他们得以在整个小学阶段维持他们的友谊。

内向的孩子忠诚体贴，对别人的感受非常敏感，善于倾听。所有这些品质使他们能成为不错的朋友。他们与人建立沟通得花点儿时间，可他们的友谊一旦建立就是持久的。对那些能伤害童年期友谊的冲突和竞争，他们天生就不愿参与。他们不会与人人为友，所以一旦找到一个特别要好的玩伴，他们就会努力维持这份友情。

本章重点

◎ 在外向的世界当中，内向的孩子受到轻视。
◎ 内向的孩子需要你为他们指出他们拥有的潜在天赋。
◎ 外向的人需要重视和练习使用他们内向的那一面。

第二部分

用根基和希望养育内向的孩子

> 眼睛看不见本质,只有用心才看得清。
>
> ——安东尼·德·圣—克苏佩里,《小王子》作者

　　孩子的抚养问题是个悖论：只有建立了与你的深厚的情感依赖性根基，他才能长出翅膀，变得独立。通过对你的依恋，孩子生来就有的幼小种子就可成长，直到独立和成熟。依赖和独立这两种孩子身上貌似对立的倾向最终会导致一种最成熟的关系能力，即相互依赖。

第 4 章

让情感坚韧起来

密切亲子联系，让孩子体会到一个安全的大后方

抚育任何的幼嫩之物，任务以开端为最重。

——柏拉图

内向的孩子让许多家长感到很困惑。他们似乎让人捉摸不定（至少是在你没弄清楚他们的行为模式之前）。一位母亲和女儿从"一周农场之旅"返回后，母亲惊讶地说："我原以为她会陶醉于那里的安静，可她却说个没完！"弄明白内向孩子的需要往往不是一件简单的事。我叫我内向的外孙挑一个他想去的主题乐园，好周末去探险，而他的回答却让我们傻了眼："我更愿意待在你家里过一夜。"一位父亲告诉我说："我们管女儿叫'小闷闷'，她让我想起一匹马。那匹马不愿意到外面去溜达，出去了也总惦记着回到马厩。"确实，出去玩了一次后，你们可能只干了清单里的第一项，然而此时，许多内向的人就准备打道回府了。

有些内向的孩子不会公开表露许多情感，所以可能被人误解。"我的其他几个孩子比我儿子更需要我。"一位母亲向我表示。但实际上，内向的孩子非常重视并需要与父母一对一的相处时间。有个男孩，他的父母以为他很快乐很独立，可他向我吐露："我希望跟妈妈或爸爸单独相

处的时间能更多。"类似的想法，从我见到过的内向孩子那儿，我听了很多。内向孩子表面上的独立很容易就让人信以为真，尤其当别的孩子都还在大吵大闹争抢注意力之时。

内向的气质无疑对家长是一个挑战，尤其是那些本身气质外向的家长。也许你喜欢各种聚会，可你的孩子讨厌它们；你喜欢在外面东奔西跑，可你的孩子是个坚定不移的宅人；你浑身是劲，可你的孩子很容易感到疲惫。但是，对内向的家长来说，抚养内向的孩子也可能是个累活。也许当你还小的时候，你讨厌自我的感觉被集体淹没。可看到你孩子一个人徘徊在人群之外，你会不安和生气吗？事实是，在每个孩子身上，我们都可以发现一些我们欣赏的特质，还有一些特质则让我们感到担心和焦虑，没错，它们让我们看了就讨厌。但无论如何，身为家长，我们必须要在想法和情绪上伸展自己。

我们将在这一章里探究有关抚养内向孩子的潜在情感问题。我们将探讨如何与孩子的需求保持步调一致，如何给孩子的成长提供一个稳固的根基。要了解你的孩子，正像要了解任何一个其他孩子一样，重点在于要先对他表示认可，然后再努力去了解他看待世界的方式。因为正是通过观察和倾听，你才能学会如何鼓励孩子，如何营造出一个能使他茁壮成长的环境。

创造"耐寒区"

在园艺领域，"耐寒区"指的是一个较大气候带中的某个区域，该区域环境适宜区域内某种特定植被的生长。当你的内向孩子处在了适合他的生长环境，他就能茁壮成长，父母工作会变得更轻松，孩子也会更快乐。要帮助内向的孩子建立他们自己的"耐寒区"，重点在于要提供给他们所需的成长要素，即等同于阳光、遮阴度、土壤和湿度这四大自然要素的四大人际要素。你能：第一，确保与孩子有密切的关系；第二，教导他如何行事就着（而非逆着）自己的气质；第三，与孩子建立一种灵活关系，在这一关系中他的感受能得到认可，他的才智能得到鼓励，其目的是让他能充分发挥潜能；第四，提供给他一个恢复精力的场所，一个家庭"加油站"。

给了孩子这四大要素，你还应提供给他一个坚实的成长基础，给他一定程度的自主性以及对自己能力的自信心。对于一个内向孩子来说，竭力要成为一个外向的人会耗费大量精力，不用多时他就会感到筋疲力尽。你能减少这种能量骤潜触底的结果发生，帮助孩子持续运行在一个平稳舒适的轨道上。

建立深厚的情感联系

> 扎根感也许是人类心灵最重要，但又最不为人认识的需要。
>
> ——西蒙娜·薇依，法国哲学家，社会活动家

人类生来就有一个无序的大脑，一副不听使唤的身体。出生的第一年，我们才开始对自己的身体有了些控制能力。直到进入第三年，我们的大脑才发育完全。我们人类能安然度过这个欠好的开端，其原因在于自然进化使婴儿本能地寻求与父母的情感联系。这种天生的内驱力促使婴儿从他最直接的看护者那儿寻求亲密和抚慰。婴儿们不仅需要父母提供给他们食物，保护他们不受剑齿虎的伤害，更需要父母帮助他们整合和协调他们的大脑功能。

根据父母对待他们的方式，孩子们可形成自我观，这一过程被称为"内化"。孩子们把他们所遭遇的对待方式纳入或"合并入"内心，进而确立一种"内在看护者"的意识。你的孩子把对你——他的看护者——的感觉作为某种情感堡垒留存于心。当你的孩子拥有足够满意的亲子关系体验并确立了他的"内在看护者"时，他也就建立了一种"我们"的

感觉,这种感觉是他自信心的基础。当内向的孩子迈向一个更为广阔并有可能不理解他们的世界时,孩子就能在内心被接纳和关怀的基础上建立自信。

由于你与孩子的依恋关系影响到孩子大脑的发育方式,因此这一关系至关重要。心理学领域对"依恋理论"的研究非常之多。研究表明,父母与孩子的情感关系质量和孩子未来的情绪健康有强烈相关性。牢固的情感关系支撑大脑的复杂性,增强情感的坚韧性,塑造出色的社交能力,使孩子运用其才智成为可能。牢固的情感关系保证了孩子面对人生逆境的刚性与韧性。

"陌生人焦虑"和"分离焦虑"是反映人类情感关系的两种普遍反应。有陌生人在左右,婴儿会表现出恐惧、警觉性、黏人行为及哭泣行为。这是孩子成长的一个健康阶段,表明孩子与父母的良好联系正在形成。通过安慰孩子,对恰当的陌生人表示友好,也通过认识到这一阶段很快就会过去,父母能帮助孩子在这一阶段的发展。内向的孩子在这一阶段逗留的时间也许会长些。家里有个初学走路或稍大些的内向孩子,父母可能就要发挥桥梁作用,告诉其他人,随着逐渐认识他们,孩子会慢慢活跃起来的。

父母中一人离开可视范围时,分离焦虑会被引发。分离焦虑可能在孩子6个月大时开始出现,并逐渐发展,在孩子约两岁时达到顶峰。与亲人的分离让处于某些年龄的孩子感到惊恐,亲人分离问题也是人一生要持续处理的情感问题。像陌生人恐惧一样,分离焦虑可以在多种情况下发生,其消失和再现不可预料,发生的强度也有所不同。分离焦虑能在一个孩子去别的孩子家参加通宵聚会时、学习一种新技能时(如阅读)或者去度假时发生。对年纪大些的孩子,如果他正身处父母离异阶段或某个重要的转折阶段,分离焦虑可以重现。并且,内向的孩子对分离可能会有更加强烈的反应。为了减少分离焦虑的发作,你可以做些准备工作,把即将发生的转折和分离预先告诉孩子,并且用既亲切和蔼又实事求是的态度对待它的发生。

你和孩子间所建立的深厚的情感根基将帮助孩子在成长中应对外部世界。举个例子，我的女儿克里斯蒂就用她与女儿艾米丽之间的情感联系来搭建艾米丽与陌生人交流的桥梁。当行人向艾米丽微笑的时候，克里斯蒂会报以微笑，并说："我的小家伙有微笑延时，所以几分钟以后她就会对你笑了。"陌生人一般会笑起来，再回她们一个微笑。类似的举动会让艾米丽觉得这个世界变得更友好了。随着她的成长，艾米丽与妈妈间强烈的情感联系以及这些沟通经历将逐渐内化。再后来，艾米丽自己的内在看护者就会提醒她"我有微笑延时，所以我得把微笑的速度提上来"。

培养相互依赖的关系

> 我没见过哪棵树心怀不满。它们紧抓大地，就像深深爱着她。
> ——约翰·缪尔（John Muir），早期环保运动领袖

很多跟我打过交道的父母表示，他们经常感到不知所措，不知该把他们的精力投到哪儿。抚养孩子的每个方面似乎都那么重要，他们该关注哪个方面呢？明白你内向孩子的需要能让你更愉快、更轻松地养育你的孩子。了解内向孩子的脆弱之处能缓和你猜东猜西的压力。你可以对"故障点"有所准备，也可以减少责怪孩子或者苛责自己的冲动。对于未来潜在的行为问题，你也能防患于未然。

每个孩子天生的倾向都表现在一些细微的暗示和迹象里。最理想的养育孩子的方式在孩子的行为举止和情绪之中都有迹可循。观察孩子的行为模式，注意他的反应方式，这些都是学习如何满足孩子需要的重要途径。事情并非总是第一眼看上去的那样。比如，家长们可能会认为，因为自己的孩子敏感或行为谨慎，他们的依赖性就强。反过来说，如果

一个内向的孩子更偏于感情内敛或注意力内聚，他可能就会给人更独立的感觉。然而，这种判断很主观，也许对，也许不对。一旦对某种形势做出了最初的估计，一个谨慎的内向孩子可以变得非常独立。那个注意力内聚的孩子也许渴望更多地与父母沟通，只是不知该如何表达他的需求。当你了解了你的内向孩子的能量模式，包括学会了阅读孩子的沟通和独处的需要并与他建立了通畅的交流渠道，你就能越来越轻松地解读孩子流露出的微妙信息。

孩子的抚养问题是个悖论：只有建立了与你的深厚的情感依赖性根基，他才能长出翅膀，变得独立。通过对你的依恋，孩子生来就有的幼小种子就可成长，直到独立和成熟。依赖（dependence）和独立（independence）这两种孩子身上貌似对立的倾向最终会导致一种最成熟的关系能力，即相互依赖（interdependence）。

要与你的内向孩子建立亲密的情感联系，以下的四件事情至关重要：

● **保证让孩子知道你在身边**。虽然你的内向孩子可能身处另一个房间或者看上去对家里人的存在视而不见，可实际上，他对父母的动向十分敏感。你在他身边能让他感到心安。如果他需要你，你得随时都在。（孩子给你打电话，是他提醒你他需要你的最快捷的方式。之前还高兴地埋头忙自己事的孩子，在你开始对着听筒开始说话的那一刻要你注意他，让他确信你知道他在那儿！）

● **给孩子一个安全的港湾**。你的内向孩子信赖那些熟悉、可靠、平和、充满关爱的家庭成员，这些家里人给他的感觉就像安全的港湾。大声说话、紧张关系和公开的争吵会削弱这种安全感。为了建立对父母的信任感，内向的孩子会从父母那儿寻求行为可预测性这一安慰。

● **教孩子如何联系和退出联系**。所有人类关系的基础就是这支精妙的舞步：联系和退出联系。父母要教导内向的孩子进行目光接触、谈话等愉快、给人以肯定感的联系来与人互动，这是一件有意思的事情。退出联系（方式包括转移视线、沉默、去洗手间等）则是允许孩子保持自己独立的空间。

真正的沟通要求这种流进和流出，否则人际交往就会变得尴尬和不自然，也会变得单向。你也许有这种经历，当与某人交谈时，你发觉这种"流动"的缺乏。这使人不自在。联系和退出联系的能力确立了与人相处的节奏。这一节奏有助于孩子学习群处和独处、给予和接受，也有助于孩子学习参与双向式的沟通。

- **给孩子一个"便携"但稳固的基础。**你要与孩子玩耍、交谈、分享乐趣，享受彼此的陪伴。这些经历的一再反复有助于孩子创造出那个能给予他情感独立性的"内在守护者"。此外，这些经历能帮助孩子培养出基本的自信感。在这一核心自我意识的基础上，其他各种关系和学习体验得以建立，最终，一种内在的安全感便会产生。随着孩子的成长，他会把这个稳固的内在心理基础作为参考随身携带。面对着一个他们需要去适应的世界，内向的人尤其有必要拥有一个坚实的内在基础。

根据儿童发展专家的说法，相互依赖的能力要通过亲子关系中的一些特殊时刻来培养，例如孩子受伤需要安慰的时候，或者父母离开和返回的时候。孩子会要你帮助或向他保证些什么吗？他会对你的离开有所反应吗？也许哭起来？你俩重聚的时候，他能跟你重新连接吗？他会寻求你的安慰吗？在这些时刻，他更需要你是一位可靠、可信赖的人。如果你和孩子之间有良好的情感联系，这种信任就会得到验证。内向孩子天生对闯入外部世界存在抗拒感，而如此培养出的信任感能帮助孩子克服这种感觉。积极的情感联系使相互依赖能力的两方面都得到发展，即信赖和独立能力，从而使你的内向孩子既能信任他人，又有自我安全感。

教导气质的重要性

> 我们来自五湖四海,但现在需要同舟共济。
>
> ——马丁·路德·金,美国民权领袖

跟你的孩子谈谈气质。即使非常年幼的孩子也能明白,人的独特个性是与生俱来的。给孩子解释,气质中有一部分关系到一个人精力的来源以及他注意力集中的方向,即向内还是向外。了解气质这一概念将有助于孩子安然应对任何他觉察到的对他内向本性的批评。如此一来,你的孩子会明白他的反应和需求都有因可循,而不会认为是他自己的问题。给予他所需的用以衡量别人气质的工具。接受了人各有异这一现实能提高他的人际能力和宽容度。

谈论最喜欢的书籍和电影角色是介入气质这个话题的一个好方法。"蜘蛛侠"是内向还是外向?哈里·波特呢?罗恩和赫敏呢?在《波特莱尔的冒险》系列小说里,波特莱尔家的孤儿们中有内向的孩子吗?那查理·舒尔茨创作的《花生漫画》的角色里有吗?

对于更年幼的孩子,你可以给他们阅读一类塑造角色气质分明的书,如《小熊维尼》系列故事。跟他们讨论不同角色的表现。用些什么词来形容每个角色最恰当?每个角色的独一无二之处又在哪儿?《百亩森林》里的克里斯托弗·罗宾和他的朋友们是如何帮助彼此处理好他们各自不同的气质的?问你的孩子他是觉得自己更像驴子屹耳、小熊维尼、克里斯托弗·罗宾、跳跳虎、袋鼠妈妈?还是小袋鼠豆豆、小猪或猫头鹰?

另一个帮助孩子理解气质的方法是询问他对他的朋友和老师的看法。他们当中有内向的人吗?帮助他发现具体的实例以证明他的意见,并给予积极的反馈:"我明白你的意思了,凯琳。你的朋友马克斯在跟

内向孩子与儿童文学：他们是否是主流？

内向孩子扎堆的地方之一是孩子们的书架。许多儿童文学的主人公都是内向的孩子。为什么？我认为一部分原因在于，内向的孩子能够让人物形象既复杂又有趣。当一个故事的叙述视角来自于一个富有思想、善于观察且内心丰富的角色时，文学作品就被赋予了生命力。再进一步说，儿童文学的作家气质更偏内向（创造出一个完全想象的世界是典型的内向人所为），而且他们的读者群以像他们一样的内向的人居多。电影中的儿童主角同样也是如此。

书上的内向孩子有哪些呢？哈里·波特和他勤奋的朋友赫敏·格兰杰；雷蒙尼·斯尼奇创作的《波特莱尔的冒险》系列里的维尔莉特（有头脑的发明家）和克劳斯（不知疲倦的读者）；作家罗尔德·达尔书中的主人公，如《查理和巧克力工厂》里谦虚的查理和《玛蒂尔达》里被困于一个夸夸其谈者之家的有思想的玛蒂尔达。

我能想到的外向孩子的主要角色有《花生漫画》里的露西，《小熊维尼》里的跳跳虎，《小美人鱼》里的小美人鱼，《指环王》里的山姆，《哈里·波特》系列中的罗恩·韦斯莱，还有《淘气阿丹》漫画里的淘气阿丹，《埃洛伊塞》系列中的埃洛伊塞和《汤姆·索亚历险记》里的汤姆·索亚。

我们去新地方的时候表现得特别安静，我看到你是怎么通过牵他的手给他帮助的。"得知自己能准确"阅读"气质将增强孩子的自信心。此外，对一个朋友的行为有所准备也会使一个内向孩子减少精力消耗。表扬他对其他孩子行为的观察能力以及他以一己之力帮助他人的能力。

不要容忍任何嘲笑他人的行为。以身作则，对其他观点持开明态度。不过，你也要承认，孩子或许无法喜欢他人所有的表现。

帮助内向孩子做他自己

> 孩子是心之根本。
>
> ——卡罗琳娜·玛利亚·德·耶稣（Carolina Mariade de Jesus），
> 《黑暗之子：卡罗琳娜·玛利亚·德·耶稣日记》作者

内向孩子的父母通常认为，他们应该鼓励自己的孩子发展出一些外向的特质。这不仅不可能，就像栽下一颗郁金香球茎，然后期望一朵玫瑰神奇地从土壤里冒出来一样，结果往往适得其反。在心理学经典《请理解我》（Please Understand Me）一书中，心理学家大卫·凯尔西（David Keirsey）和其合著者玛丽莲·贝茨（Marilyn Bates）告诫说，当内向孩子被迫表现得像外向孩子那样的时候，他们尤其脆弱，易受伤害。内向的孩子常被人误解，也常被迫在他们的心理舒适区之外行动。他们天生不是为竞赛而设计的跑车。他们无力长期支撑开朗、活力十足和健谈的外向风格。过多的外向性行为让他们的系统超载，使他们的体能和情感方面的能量下降。内向的人是可靠的客货两用旅行车。但是如果没有休整期，他们所剩的资源就会寥寥无几，再也没有力气去开发他们天生的内向天赋。

家庭给内向孩子传达的信息至关重要。内向的孩子如果从自己家里接收到的信息这样说：他们是坏孩子，有缺陷；他们应该更外向些；他们要对自己感到羞愧，如此则内向的孩子就会蜷缩回自己的内心世界，并断定他们从外界收获的负面反馈都是对的。要建立一个对自身的积极看法，内向的孩子需要感觉被自己的家庭接受和欣赏。

气质的一个侧面在于一个人接受爱和给予爱的方式。父母经常不能理解，为什么他们的孩子没有感觉到他们的爱。他们自己知道他们很爱孩子，但是对孩子说"我爱你"有时候并不是传达这一信息的最好方式。你需要用孩子能够听懂的语言来表达你对他的爱。向孩子表达你的

气质与能量

内向的人与外向的人的关键不同之处在于他们能量的来源，即他们的"劲头"从何而来以及他们如何予以补充。能量渐衰时，孩子更容易变得情绪失控、暴躁易怒、犹豫不决和以自我为中心。仔细想想，其实人都是这样（其实所有人精力变差时都会有这些表现）。

想象一个灯泡被固定在了你的头顶上。现在假设它与电池相接，电池又接着充电器。充电器里的能量源源不断地流向电池，电池把灯点亮。灯亮起来了。思考一下是什么补充和消耗了电池的能量。一个外向的人通过投身行动来补充能量。当他安静思考时，能量流失，灯光变暗。反过来，一个内向的人通过安静的独处时光补给自身能量。当外出置身于人群之中的时候，他就失去了能量和光芒。

给你的内向孩子讲解个人能量的工作原理，这将给他一个确实的理由以解释他为何需要短暂的休息时间。要他想象一下他头顶的那盏灯泡，现在的功率是多少？灯光是明亮、适中还是几乎没了？当他的能量有所恢复，给他指出："哦，我看到你的灯泡亮了。"当他的能量由高变低，你可以说："你的灯泡现在看起来几乎不亮了。"给他讲解休息如何使灯泡重新亮起来，能量水平如何影响他的情绪和他与人相处的意愿。

给家长们的小提醒：注意你自身能量指示灯泡的相对亮度。为人父母需要大量的能量和精力。

爱至关重要。内向的孩子也许在接受和表达爱的方式上更为克制，但是他们表面的若无其事可说是非常有误导性的。

就像生活里的其他事情一样，向你的内向孩子表达爱是一件要找好平衡的事——毫无疑问要反复尝试，从错误中学习。父亲或母亲冲上前给孩子一个"熊抱"可能让孩子感觉过于激烈，可能导致孩子向后退缩。更微妙和私密的表达方式，比如牵孩子的手、微笑，或者甚至悄悄地对他眨眨眼睛，能向孩子传达你的热情而不至于让孩子受到过分的刺激或感到窘迫。一些内向的孩子只在某些时候喜欢拥抱。在身体疲惫的时候，你的孩子也许想被人抱，也许不想让人抱。一些内向的孩子喜欢亲吻或被亲吻，另一些则可能不喜欢。一些喜欢坐在你的膝上时脸朝外，另一些则可能喜欢能让他们看到你的脸的坐姿。当然，这些偏好会随着年龄的增长而改变。留意你的内向孩子对肢体性的情感表达有何反应。就人们喜欢的给予和接受爱的方式展开家庭讨论，以教导孩子不是每个人都有一样的喜好。家长常以他们曾经历的或他们所期望经历的方式表达爱，但是，要以对孩子有滋养和鼓励作用的方式表达你的爱意，这要求你了解什么能让孩子感觉被爱，以及怎么做。

向你的孩子表露你对他本身的欣赏，告诉他你爱他。一个孩子可能在与父母中一人共享一段特别时光时感受到被爱，比如当爸爸或妈妈给他读故事时。另一个孩子则可能要整个家庭参与其中以感觉自己的特别，比如可以让每个人选一个角色，像读剧本一样读同一个故事。对你的内向孩子的某种个人品质表示欣赏可以说是最有效的表达爱意的方式。比如，对孩子说："萨曼莎，我发现你特别善于挑选生日礼物，你总是知道别人喜欢什么。"一个孩子可能只喜欢跟家长中的一个人外出就餐。另一个孩子则可能希望全家人一起到公园玩。我们常常在没有询问孩子的情况下设想孩子想要什么，或者我们屈从于少数服从多数的原则，听不到那个更安静的孩子的要求。

当孩子的要求得到满足时，他们也会感受到被爱。满足内向孩子需要的方法是营造一个有养分的家庭环境。然而，就内向的孩子而言，对待家庭生活绝少有一种可行的一成不变的方法。还记得《金发女孩和三只熊》的故事吗？这个经典的故事捕捉到了抚养内向孩子的精髓。要找到那件质地柔软的"正合身"的衬衫，要确定静养充电的最适时间量，或者要估计什么运动适度而不会给孩子带来过度刺激——这些都不容易做到。

顺应内向孩子的情感

痛楚难以避免，但磨难可以选择。

——佚名

有人说，美国文化把思考放在感受之上，这句话有一定的道理。人的情绪难以预料，因此要处理起来通常很麻烦。对于我们人类究竟为何要有情感，很多人感到疑惑；他们觉得，要是我们都能像《星际迷航》里的史波克一样行事完全依靠理性，我们也许生活得更好。但是孤立地用理性来看待问题忽视了真正的人际关系的需求。没有情感的注入，单纯的思考导致人际关系问题和糟糕的决策。这也是为什么你不能单靠"想"摆脱诸如暴饮暴食、吸烟或过度工作等积习。在你能把自己拽出这些陈规陋习之前，你需要了解和设法处理自己的感受。

从最基础的层面说，感觉使人之所以为人。感觉也从三个具体方面给我们以帮助。第一，情绪是我们大脑和身体内部的一种能量流，其消长是对内心世界和外部世界的反应。这一能量流连接和整合大脑功能的五个层面，并通过对信息的传递协调全身的不同系统。第二，这些情感信息揭示了一些有关你自己和他人的实际的内心感受。了解自己的感受增强了你建立和维持人际关系的能力。你的感受能告诉你什么样的感觉好，什么样的感觉不好。第三，你的情绪可以作为你决策的指南针，告诉你怎样决定才会让你感到你所做的决定是正确的。

情绪身负要职。悲伤感有助于我们处理损失，促使他人给我们以抚慰。恐惧感告知我们有必要保护自己或寻求安全保证。愤怒感表现了对界限的需要。（例如，莫莉说："丽贝卡拿了我的乐高积木，但她不肯还给我。真讨厌。""是啊，我敢说这让你很生气，"莫莉的妈妈回答，"下次丽贝卡再来拿你的玩具，你就对她说'不行'。"莫莉的气愤感向她示意，她要照顾好自己，向她的朋友说"不"。）内疚感提示我们需要做出弥补。羞愧感提示我们不应该做什么事情。疼痛感提示我们需要做些事以照顾好自己。感受向孩子们展示了如何去赢得生活的真正奖赏：建立和维持健康的人际关系，发现个人意义和找到满足感。通过告诉孩子们一次体验是痛苦、悲伤、愉悦、可怕、令人满意还是生厌，感受引导着他们朝着正确的方向前行。情绪指引孩子走进他们的需要而远离伤害。

不幸的是，我们当中的许多人成长在否定我们的感受或者劝说我们放弃自己感受的家庭。我们自己尚未学会如何处理自己的感受，更别说教我们的孩子这么做了。但是，你还是可以学习一些方法来帮助孩子处理他的情绪。内向孩子的身体中主导的神经回路行走到大脑的前端，即负责复杂情绪反应能力的地带。这给了内向的孩子一种发掘他们情商资本的天赋。许多其他的孩子则要更努力才能发展出自身的情感意识，还有一些孩子则永远无法发展出情感智力。

内向的孩子需要父母和其他看护人注意到并命名他们的各种情绪，否则他们将不知道他们所感受到的是什么，因此也无法知道如何积极使用这些情绪。感受需要得到确认。如果你教会你的内向孩子关注他的感受，他就会学会珍视和信任他的情感天赋。没有你的帮助，你的内向孩子可能会疏离自己的情感或者被自己的情感弄得无所适从。但是，你能帮助他接受、感知和使用那些来自于他内在情感储备的信号。

感受是一种资源

蒂米伸手去摸一只陌生的狗。狗突然咬了他。他感到很害怕，赶紧把手缩回，并且记住了这次经历："那只狗狗看上去挺友善，可是它咬了我，把我吓坏了。下次我再想摸一只狗，我要在伸手前先征求它主人的意见。"他把这点认识收起——记住，内向的人尤其擅长储存负面的经历。

感受是内向的人在与外部世界的交往中的向导。例如，正是通过个人感受，内向的人能发觉他们享受社交，即使社交耗费精力。艾米回想着说道:"我在玛蒂家玩得很开心。我希望我们能很快再约一天一起玩。"情绪使重要关系得以突出。"没有外公在,我的生日就没那么好玩了。下次聚会的时候我要让妈妈把外公叫过来。"凯莎一边想一边说。

如今,太多孩子没有学会体会他们的感受,反而早早地学会了转移不适感受,或者说是学会了快速转换大脑通道。他们没有学习调整他们的情绪。调整情绪意味着使情绪保持在可控制的范围。没有情绪调整,许多年轻人或者追求虚假的情绪高潮或者陷入情绪低潮。外向的人尤其可能习惯于情绪高潮。一些能带来伪高潮的方式包括暴饮暴食,过度行为,使用毒品、药品,参与持续刺激肾上腺素分泌的行为和风险性行为,自觉高人一等和寻求别人的认可。内向的人则可能受困情绪低潮之中。一些情绪低潮的例子包括表现得过度依赖,沉湎在内疚或耻辱感中不可自拔,变得抑郁或情感淡漠,暴饮暴食,使用毒品、药品,或者感到绝望。

活着就意味着时有痛苦的感受。痛苦深化了我们的人生体验。孩子们需要学会承担和处理他们的感受。你能帮孩子学习自我安抚以缓解他们的痛苦感受。由于情绪是一种能量,它们在我们身上自然流淌。如果我们觉察到了它们的端倪,感受到了它们,它们就能慢慢退去。

通过在孩子心烦意乱的时候安慰他使他平静下来,你可以从外部平衡孩子的情绪消长。你可以在孩子灰心的时候给他鼓励。这能教会他如何在自身情绪天平摇摆时进行自我的内在调整以使其恢复平稳。能这么做是成长过程中的一种关键能力。

帮助内向的孩子表达感受

能够帮助内向孩子学习表达和注重自身感受的一个工具是"反应性倾听"。你可以倾听他描述自身的感受,然后像一面镜子一样反射即复述他的表述。用这种方法处理愉快和不愉快的情绪。接受和复述孩子的想法和情绪将有助于孩子"看清"自己的感受。如果你没有完全听懂或

指引内向孩子穿越情感地带的路标

如你所知,内向的孩子拥有一个丰富的内心世界,但是作为家长,读懂他们可能会有些困难。知道以下几点将有所帮助,即内向的孩子:

- 也许会被他们内心的思想和感受弄得不知所措,以致僵住,或者变得沉默寡言。鼓励他们表达自己的感受,确保他们不会感到你在评判他们。
- 会敏感于别人的感受,有同情心(特别是右脑占主导的内向孩子)。对他们的热情和才能给予肯定。
- 需要花更长的时间认识他们的感受。提醒他们,过不了多久他们就将更明确体会到自己的感受。
- 会被强烈的情感、愤怒感和激烈的内心冲突弄得精疲力竭。帮助他们理解这些情况是不可避免的,但有时值得花精力去处理冲突。
- 在外向的孩子追求的那类刺激作用下会有被过度刺激的感觉。安慰他们,向他们说明他们可以每次只享受少量的刺激。
- 对于尝试新事物可能感到焦虑,对未知的领域有所回避。帮助他们学会忍受不安。提醒他们,焦虑感是生活的一部分,如果他们休息一下,吸口气放轻松,轻声告诉自己冷静下来慢慢来,这种感觉就会过去。

抓住他所表达情感的每个细微之处,他可以纠正你。这样处理过的感受就会呈现出新的清晰感,然后他就能学习妥善地处理它们了。

这一过程也能培养你和孩子间的信任感。感到被理解是一种影响至深的体验,特别是对把关注点放在内心世界的人来说。内向的孩子对你如何回应他们的说法非常敏感和敏锐。当你更放松地面对他的感受时(以及你自己的感受时,就像你在表述自己情绪时常会发生的那样),你就会发现他把心扉打开。时间长了，他也将对自己的感受和行为有更强的控制力。

反应性倾听的步骤：

1. 表示出包容和尊重：所有的感受都可以说。

    "我知道你对姐姐很恼火。"

    - 承认行为界限的存在

    "但是你不能从她的手中把小卡车抢走。"

    - 倾听和密切注意他所说的内容，保持良好的眼神交流。别打断他的话。

    "我知道她没问你就把你的卡车给拿走了。"

2. 以中立的反应表示对他感受的认可而非评判。

    "我知道了。那后来又怎么样了呢？"

    - 思考他说的话和他的感受，

    "听上去你似乎觉得她听不进你说的话，而且你也无法保护你的玩具不被她拿走。"

    - 指出他的感受的名称

    "听上去那确实让人感到沮丧。她甚至没问你借（她能否借你的玩具）。"

3. 承认他的需要和愿望。问题只会在他的感受得到承认之后才能解决。

    "你想让我帮帮你，跟蒂凡尼谈谈她不问你就拿你的玩具的事吗？"

安然度过人际关系的困扰

所有的人际关系都有起伏和需要平复的分歧。给予你的内向孩子一个平复伤害或愤怒情绪的榜样，你的孩子就知道人际关系有磕磕绊绊，这很正常。比如，说:"对不起，我昨天脾气不好，对你发火了。我感到烦心的原因是我工作项目的进度落后了。对不起！"所有的孩子都对他们的父母恼火，所有的父母都对他们的孩子恼火。当孩子对你说那些让你受伤的话时，你会感到难受。但当孩子有足够的安全感以致能向你表达那些负面情绪时，更牢固的关系就能建立起来。你可以有不同的意见（你不需要同意这个看法）。但是，如果你听取并理解了孩子的观点，孩子就会知道他可以坦率自信地说出自己的想法。

内向的孩子可能要稍迟些才察觉出自己生气了。由于他们非常担心肢体冲突所带来的精力耗损，所以他们倾向于忍气吞声。他们更可能退后几步跟人论理。

内向的孩子需要在安全的环境中练习处理冲突，否则他们将无法在外部世界用生气来保护自己。倾听你的孩子叙述他的苦恼以及帮助他平复分歧，这能给予他重要的关系工具。平复分歧并不一定意味着就如他所愿，而是要承认他的观点，对你所造成的伤害（如果有）表示抱歉，解释误会，确定行为限度的协商方式。("我知道你想跟你的表姐莉兹睡得一样晚，但是恐怕你得睡得比她早。你是不是以为，因为我们今晚家里来了客人你就可以晚点睡了？我很抱歉造成了这种误解。要不我们让莉兹在你睡前给你读个故事，怎么样？")通过听取和协商误解，你既给你的内向孩子示范了如何化解冲突，也鼓励了他在外部世界中大胆表达自己的想法。并且，你自己以身作则，教他如何道歉。道歉的能力在人际关系中至关重要。

如果你的内向孩子感到不安:

不要:

- 试图跟他讲道理。
- 反驳他。
- 为你自己或他人辩解。

- 尽最大努力轻视或忽视他的烦恼。

要：
- 承认他的烦恼。
- 努力站在他的角度考虑情况。
- 约个时间重新讨论这一话题。
- 对造成的感情伤害和误解表示歉意。

有时候，你的内向孩子仅仅是不喜欢你划定的规矩或限制，所以就让他发泄一下吧。

发出"停止"信号的情绪

内向孩子容易产生羞愧感和内疚感。正像我在第 2 章谈到的，内向孩子身上主导的神经系统本身容纳了这些情绪。作为发出"停止"信号的情绪，它们的作用是"叫停"内向的孩子。没有这些情绪，内向的孩子就不能明辨是非。适度使用这些情绪有助于孩子的社会化。羞愧感提示孩子"停下来，别那么做了"。内疚感提示孩子"你做错了。你需要弥补你的过失"。

让外向的孩子中止他们的行为通常需要更强烈的信号，让内向的孩子有所抑制则仅需要一点暗示（除非他们遭受了过分严厉的对待或他们学会了忽视你）。羞耻感和内疚感，如果没有被过度使用，能带来自我发现和成长。然而，有害的羞耻感让孩子对自我感到厌恶，感到耻辱和气恼。有害的内疚感让孩子觉得好像所有事都是他们的错。理想状况下，这些停止信号情绪充当了孩子们的道德现状检验，而不会是他们不断的焦虑和自卑感的来源。

如何辨别有用的和有害的抑制性情绪，方法如下：

有益的羞耻感：

- 爸爸不让我没征求他的意见就拿走他的相机。
- 我对我的表演不满意，我能做得更好。
- 有些事当做，有些事不当做。
- 我想帮家里人更和睦地相处。

有害的羞耻感：

- 我是个坏透了的人。
- 我什么事也做不好。
- 我讨厌所有人。
- 人没什么用。
- 我什么事也做不了。我无能也无可救药。

有益的内疚感：

- 我做了错事，我应当道歉。
- 我需要向我的朋友弥补我的过错。
- 对我所做的事我感到很抱歉。

有害的内疚感：

- 妈妈感觉不适都是我的错。
- 我不该说任何让爸爸烦心的话。
- 有问题了一般都是我的错。

就认识自身情绪和同情他人感受这一复杂能力，丹尼尔·高曼博士进行了概念的解释和普及。在对这一话题的讨论中，高曼整合了大量研究成果。他在1995年出版了一本名为《情商》的书，给予了这种心理直觉与感知能力一个便于读者识别的名称。内向孩子的生理构造使他们拥有情商的潜能。但是，没有父母的帮助，包括识别和确认他们的感受以及提醒他们注意自身情绪反应的延迟，内向孩子的情商将得不到开发。当内向孩子的情绪反射回他们本身让他们有所感受，他们就能应用自身这一固有资源指导他们的决定，维持长期的人际关系，丰富他们的日常生活，发现他们的兴趣点和保持良好的积极性。没有这一情绪指示系统，内向的孩子会被他们的自身感受所淹没，变得不知所措，进而失去行为能力。

通过给孩子提供一个情感基础和对孩子的情感世界的持续关注，你能帮助你的孩子开发他固有的自省能力、学会处理他的情绪、恰当地应对压力以及控制并利用他丰富的脑力天赋。

本章重点

◎ 内向孩子的自信建立在与家长深厚的情感联系上。
◎ 情绪统筹和整合内向孩子大脑的所有区域。
◎ 鼓励孩子与其自身的情绪指向保持一致。

第 5 章

内向孩子的看护和饮食

生活规律让内向孩子获得能量，促使他们茁壮成长

环境是我们身体的延伸，它也必须保持安宁。
——迪帕克·乔布拉（Deepak Chopra），心身疗法的先驱者

在前一章，我们讨论了一些整体性的问题，即怎样抚养你的内向孩子以使他的自信和自尊得到增强，并帮助你建立与孩子之间持久稳固的情感关系。在这一章和下一章当中，我们将关注如何应对与内向孩子共同生活的日常考验，包括制订日常生活规律和纪律、为孩子提供充足的食物等。我们将探讨每日面对着家庭生活中的无数决定时，你如何才能把对孩子气质的了解用做决策的指导。例如，你将学会如何判断你的孩子的能量状态，如何在活动中插入短暂的休息时间以使孩子重拾活力。这些都是现今抚养孩子的实际细节，包括与孩子协商使用新媒介的范围，处理孩子对私人空间的要求，以及为孩子找到安全健康的娱乐方式。

"内向友好型"的习惯做法

> 没有一位尽心园丁的持续呵护，一座花园会迅速死去。
>
> ——梅·萨藤（May Sarton），美国作家

家庭的日常生活规律为家庭生活提供了基本的框架，内向的孩子尤其能从规律中吸取健康成长的能量。对要发生的事情有所把握使内向孩子的精力消耗减少，必要时也能使他们更顺畅地进入外向的状态。制订固定的早晚及放学后的时间表有助于营造一个具有可预知性的"内向友好型"的世界。这个世界中规则已知，意外的发生被控制在最小限度。孩子知道："我上学时晚上要8点上床睡觉，周末9点睡觉。"记录下他一天最活跃和最没精打采的时候（内向的孩子通常在早上最缺乏活力，要他们赶紧行动得花些时间）。留意你的孩子在什么情况下表现最好，什么情况下表现最糟。围绕着孩子对条理性和私人时间的需求以及他在能量上不可避免的起伏，你可以对孩子一天的生活做出安排。

如果孩子的生活规律被打乱，他可能会变得行为拖沓，没有方向感，或者要闹一阵脾气。尽力保持事情安排的一致性，生活规律有变化时，要明确地对孩子做出解释："今天凯瑟琳去学校接你，但是像往常每个礼拜二一样，你还是有钢琴课。"或者，让你的内向孩子担起帮助维持规律连续性的任务。"爸爸两天后就要去出差了，我们做张卡片塞到他的行李箱里怎么样？"顺便提一句，内向孩子偏好安宁的环境和具有可预见性的日程安排，这不大会随着他的成长而改变，因为这些偏好与内向气质相伴而生！

提前跟孩子讨论所有即将发生的变化和转变。如果孩子要到别人家过夜，让他先提前在家里试用要使用的睡袋。对于小一些的内向孩子，在你带他去亲戚家过夜前，你可以先让他在家里试用那个即将派上用场的旅行摇篮。适应新的事物前，内向的孩子通常要先调整他们脑子里保

> **帮助内向的孩子营造避风港**
>
> 你应当帮助孩子创造私人的时间和空间，下面是一些具体的做法：
>
> - 安排一套回家后的习惯性做法，它可以包括收拾邮件、换衣服、做点心或者坐下来思考 10 分钟，也顺便歇口气。
> - 跟孩子讨论一下这个家，问他有什么感觉和看法？帮他明确他所认为的理想的避风港是什么样子的。
> - 问问他，他的卧室里有什么是让他喜欢或不喜欢的。他会怎么创造自己的理想卧室？
> - 确保你的孩子有安静的学习空间。如果你身边很安静，他可能会愿意挨着你学习。保证他拥有一个无干扰的地带。
> - 如果孩子没有独立的卧室，你就可以建一堵分隔墙（用经济的格子架或者分隔房间的专用帘子就可以）或打造一个私人角。跟孩子协商，什么时候他能在共用的房间享受一段不受打扰的私人时光。做

存的原来印象。"我们要去公园了。"你宣布道。谁会抱怨这个事？嗯，要确保你所说的公园是你的内向孩子心里想的那个，要不然孩子的情绪可能会失控。孩子大些的时候，你可以扩充你的常用装备，使用诸如厨房计时器、日历和便条贴等工具来预备孩子面对即将发生的事情和改变。"学校的展览在星期六，让我们在日历上贴个便条吧。"让他亲手把便条贴上有助于这件事在他的心里扎根，给他一种积极的参与感，而不会觉得事情仅仅"发生"在他身上。我过去常对我的女儿说"一集《摩登原始人》之后"——意味着半个小时后"就该行动了"。我们一致同意一集卡通片的时间足以让人做好准备。

学习新技能

另一种影响日常生活规律的变化是对新技能的学习：重大的成绩总

个牌子挂在门上:"放松中——真正放轻松后将出来。"

- 如果孩子已经上中学或正处在青春期,这时要确保孩子有隐私的空间。允许孩子把房门关上。我在工作中遇到过一个十几岁的内向孩子,他的个人卧室里有一台公用电视。家里的其他三个孩子可以随心所欲地进他的房间看电视。于是他和我一起跟他的父母协商,限制其他孩子看电视的时间,只让他们在他放学后打工的那个时间去他房间看电视。

- 允许十几岁的内向孩子根据他自己的喜好装饰他的房间。要给孩子自主权,这是一种安全、简单又轻松的办法。许多内向的孩子形象思维特别发达,美的事物能让他们感觉轻松、神清气爽。当然,美与不美,全在观者。一个想成为宇航员的内向孩子可能会把房间涂成黑色,再在天花板上贴上许多闪亮的星星。

会带来重大的改变。在迈出成长的一大步时,内向的孩子需要特别把注意力放在怎样迈出那一大步上。举个例子,当孩子向重大的进步逐步前进时,比如学习走路的时候,孩子可能会停止说话,或者他说话的能力可能会退步。不过一旦他走稳了,他的语言水平就能得到恢复。

在孩子的成长过程中,他们往往要首先掌握一门原有的技能,然后才能学习一门新技能。这点尤其适用于内向的孩子,因为内向的孩子在一次学习中整合的信息复杂程度更高,消耗的精力也更多。如果你的内向孩子正专注于练习阅读,他也许就没办法再去学习骑两轮脚踏车。一旦他对新技能的使用达到了不假思索的程度,他就做好了接受下一个挑战的准备。孩子学习新技能时,告诉他熟能生巧的道理。改变日常规律、学习新技能和面对陌生情况需要消耗大量精力,记得对此要有所准备。帮助你的内向孩子做好准备,保证他的能量储备已经加满。

面对新的重大挑战时，内向孩子的行动可能会有些迟疑，这是内向孩子缓冲刺激以及计算和整理要处理的新信息的方式。不要催他，给他所需的时间。让他观察——内向的孩子通过观察来学习。问问他注意到是什么让他感兴趣的，给予他迈出下一步的机会。比如说，别的孩子都在玩滑梯，而你的孩子从来没玩过。问问他，什么时候他能准备好加入这项活动。如果他犹豫，问他是否愿意让你陪他先滑第一遍。你对孩子接受新情况的缓慢程度越宽容，提供给孩子进入新情况的途径越多，孩子适应得就越轻松。尝试新事物堪比试车，使用的都是第一挡的慢速。

在可能的情况下，你应当把孩子要学的新技能的内容分解为许多能够接受的小块，并采取从容的步伐学习。这么做既能减少精力消耗，又能使短暂的休憩成为可能，更能让孩子不断看到自己的进步，从而建立起自信心。另外，压力越小，内向的孩子表现越好。例如，摩根需要把诗歌《保罗·李维尔的午夜快骑》背下来以在全班同学面前朗诵。摩根把诗分成了四个部分，并在练习背诵的同时眼睛盯着一张树的图片。连续两晚，他都在睡前10分钟大声背诵诗的第一个四分之一部分。每隔一天，他加背一个新的部分。这样一直到离正式表演还差两天，此时他已经可以全诗背诵。（记住，在晚上睡觉的时候，内向的孩子把白天发生的事件储存到他们大脑的长时记忆中。看画有助于他们将信息存入大脑中更容易检索的视觉记忆区。）

可再生的私人空间

众所周知，内向的孩子对他们的空间有强烈的保护意识。内向孩子的空间感超出了对存放个人物品的私人房间或地方的要求，而表现在对亲密和空间接近的高度敏感上。"不要碰我的座位，也不要从我的车窗往外望。"坐车出游时，一个年幼的内向孩子特瑞对他的姐姐这么说。随着他们情绪的变化，内向的孩子对肢体接触有不同程度的容忍度。他们时而会冲上去给你一个拥抱，时而又对身体接触表现出抗拒。

我的外孙女艾米丽是个内向的孩子。有一天下午，她感觉不舒服，当时我坐在沙发上，就在她旁边。一开始，她慢慢将身体靠向我的手臂，以使我能抱住她。但随后她不仅停止了移动，而且还把身体缩了回去。再后来，因为适应了我在身边，她把身体靠到了我的身上。有时候只是被人注视，内向的孩子就会感到他们的空间受到了侵犯——这种情况确实存在。

可以想象，家对内向的孩子无比重要。妈妈开车载艾米丽回家。妈妈刚把车驶上他们那栋位于科德角的蓝色房子的车道，艾米丽就举起双手，大声欢呼："到家了！"通过这声兴奋的呼喊，艾米丽同时表达了她对回到熟悉的休憩场所的喜悦；她对繁忙的外出活动结束的释然；以及她对房子的所有感——房子是她的。

内向的孩子需要家给予他们安全感和稳定感。他们受环境的影响很深。和谐安宁的氛围、清新且弥漫着宜人香味的空气、舒适的家具、充足的光线、柔和的颜色——在这样的家庭环境中，内向的孩子有最佳的成长表现。

虽然内向的孩子享受家人的陪伴，但他们仍需要一个独立空间让他们能保持最低的能耗状态和进行能量补给。如果你的内向孩子没有他自己的独立房间，他可能会要求占有某个隐蔽、能保护他不受他的兄弟姐妹或其他家庭成员打扰的角落。内向的孩子喜欢小而温馨的场所，比如说游戏屋、楼梯下的存储空间、树屋、卧室里搭的帐篷、阁楼、门廊的一角或任何别的不显眼的小地方。我认识一个年幼的内向孩子，他的卧室里摆放了一个游戏用的粉色布屋。他整天在那儿进进出出——做短暂的休息和休整。我还认识一个十几岁的内向孩子，他有一把扶手椅，读书时他就蜷在上面。

内向的孩子怎么吃东西

要在孩子吃东西的时候跟他说话,这样,即使你离开了,你说的话还在。

——内兹佩斯印第安人谚语

内向的孩子需要能量的补给,以便使他们的精力维持在较高的水平。即便并没有因饥饿导致疲惫的情况,要与外向的世界保持步调一致,也足以让内向的孩子感觉吃力。我们的文化有"三顿正餐"的规矩,但是内向的孩子需要在一天当中不断摄入热量。

谈到孩子的行为问题时,家长们倾向于先把其他各种可能原因审视一番,最后考虑营养问题。我经常就孩子的饮食向家长提问,因为我发现饥饿感是造成所有年龄段的内向孩子情绪失控的最常见原因之一。

许多内向的孩子挑食。我自己挑食,我内向的外孙也挑食。听家里人说,他爸爸也挑食。我们到现在也活得好好的,没有人因为饥饿而死掉。但是挑剔的饮食习惯使"吃"成为权力斗争的多发地带。你要避免让孩子卷入这样的争斗。每周在餐桌上引进些新菜品,但不要大张旗鼓。如果你的孩子吃,好极了;如果他不吃,那就算了,或许以后他会喜欢吃。为什么他们的身体需要食物和水——内向的孩子可能会对问题的解释有积极的反应。当孩子大了一些了,你可以给他看一些关于人体方面的书,并向他讲解为什么人体神经系统中"休息和吸收"那一面需要消耗能量。

与"吃"有关的事

- 要知道,不是所有的内向孩子都喜欢吃,而且内向的孩子通常吃得很慢。
- 同你的内向孩子一起阅读儿童营养书籍,并跟他讨论:为什么在获取工作和玩耍的能量方面,某些食物更为重要。

- 教你的孩子留心饥饿感和低血糖感。
- 内向的孩子可能会对不同的气味和味道非常敏感。
- 给孩子提供好吃又健康的早餐,因为内向的孩子在清晨食欲更旺盛。
- 把健康的零食放到孩子方便获取的地方,内向的孩子一般都喜欢吃零食。
- 不要就食物问题跟孩子较劲。给孩子留饭或者让他吃零食,如果他不吃,就收起来,不要责怪他。下次尝试给他提供更健康的食物选择。内向的孩子在感觉被人强迫的时候会变得沉默和固执。
- 绝不要用食物作为奖赏或惩罚。

外出就餐

在拥挤或嘈杂的餐馆里,内向的孩子通常会失去食欲。喧闹、匆忙、等待或陌生的食物,都会影响孩子的进食能力。他们在家可能吃得更好,因为在家有零食可吃,还可以舔掉残留在手指上的食物。不要期望你的内向的孩子在任何拥挤的环境中(如家庭庆祝活动)吃得那么多。更好的方式也许是先让他在家吃点东西,然后在外就餐时让他随便吃点你盘子里的食物,或者只吃一小碟食物。

睡觉去

婴儿的气质决定了他的睡眠和觉醒模式。

——巴里·布雷泽尔顿(T. Berry Brazelton),医学博士

我工作中接触到的很多孩子都有睡眠不足的问题。我发现,如果内向的孩子每晚的睡眠时间不能达到 8 小时这个下限,他们的能量将得不到恢复。在把白天学习成果存入长时记忆这一方面,他们也将面临更大

能量与精力耗竭

低血糖症是一种时下常见的健康状况，通常为医生所轻视。但是低血糖对很多内向孩子来说确实是个问题，尤其考虑到我们当今生活的世界是一个无热量的高糖和简单碳水化合物的世界。内向的孩子必须要摄取蛋白质和复杂碳水化合物，而且他们的能量仓储需要不断加以补给以达到充满状态。如果孩子没有摄入合适种类的、充足的食物，他就可能发生能量骤降、血糖下降和大脑缺氧等状况。简而言之，孩子的能量与精力就会发生耗竭。

对此我有切身的体会。这种情况的发生毫无征兆。那种感觉就好像你全部的生命力往脚下骤然一沉，你的身体突然变得无比沉重，脑袋也昏昏沉沉，你必须要坐下。当这种情况发生在你的内向孩子身上时，他全身就没了气力，人也变得无精打采，没有办法思考或学习。是什么造成了这一状况？如果我们摄入过多的糖分或碳水化合物，我们的血糖会先骤升再骤降。这种情形的发生也可能仅仅因为我们摄入的食物在体内被消耗殆尽，就像发生在电影《恐怖小店》中那棵外星植物奥德丽身上的情况一样。而且也像奥德丽一样，内向孩子身上的系统总是在要求"喂我，喂我"。维持血糖水平的最好方法是频繁地进食和同时摄取蛋白质和复杂碳水化合物，如放些坚果到你的燕麦粥里、做火鸡三明治时使用全麦面包等等。如果你要

困难。在内向孩子的神经系统中，"休息与吸收"这一侧面占了主导，因此与外向的孩子相比，他们对休息的需求更大。处于青春期的内向孩子尤其需要充足的休息，而且他们最不愿意停下来休息的时候正是他们需要休息的时候。

试用对侧系统

内向孩子和外向孩子都需要使用自身神经系统非主导的一面。例如，

给孩子一颗糖吃，就要确保他之前已经吃过了蛋白质类的食品，或者是一些含有蛋白质的副食品。

低血糖症的常见症状包括：进食后不适、乏力、面色苍白、失眠、焦躁、情绪起伏不定、抑郁、出汗、心悸、头痛、消极、头晕及易怒。极严重时患者会发抖、呕吐或昏迷。

如何对抗低血糖症：

- 吃零食或者一天少吃多餐（我通常要到午饭时间才吃完早饭）。
- 早上进食首先要摄入蛋白质和复杂碳水化合物。
- 随身携带高蛋白零食（坚果、奶酪、饼干和蛋白条）。
- 减少糖分和简单碳水化合物的摄入量。
- 食用糖果和碳水化合物类食品的"同时"或者"之前"要摄入蛋白质。
- 教你的孩子衡量自己的身体感受以学会控制自身的血糖水平（这也使他不会就这一点跟你较劲）。
- 向孩子说明，即使没有饥饿感，身体也可能需要进食。

更多信息，请联系低血糖症关怀基金会：www.hypoglycemia.org

锻炼身体提供给内向孩子来源于神经系统外向侧面的能量。反过来，睡眠行为使用的是神经系统内向侧面。睡眠给予外向孩子的休整是多方面的，包括情感、认知和身体的复原、适当的消化和其他的保养功能。

睡眠是内向孩子一生都要面临的挑战。乙酰胆碱是我们体内一种重要的神经递质。在它和其他一些化学物质的共同作用下，我们进入和退出做梦周期和警觉期。同所有神经递质一样，乙酰胆碱在人体内的水平时高时低。由于内向孩子对自己体内乙酰胆碱的水平变化非常敏感，所以这种神经递质会对他们的睡眠周期产生影响。内向孩子需要适量的乙酰胆碱以使他们进入和停留在睡梦当中。乙酰胆碱的过量释放会导致打瞌睡。此外，如果一个内向孩子体内的"逃跑－战斗"机制被激活，一些"嗡嗡作响"的导致焦虑感的化学物会被释放，这会使内向的孩子难以平静，难以让自己处于活跃期的大脑停下来休息。

入睡困难的另一原因是心理性的，即一种常见的心理问题的反映：与父母的分离。睡眠可以引发大量的恐惧感，对年龄较小的孩子来说尤其如此。所以，很多孩子有难以入睡或睡不久的问题。一个孩子需要学会在醒来后——这种情况每晚至少发生 4～5 次——放松自己以重新回到睡眠状态。夜间的不间断睡眠能力是发育良好的表现，其中包含了孩子神经系统的发育成熟。

给你的内向孩子一个安适的休憩场所

- 设定一个适合孩子年龄段的就寝时间，以便孩子知道和预料到什么时候该上床睡觉。
- 设定睡前的规律活动：催眠曲、摇摇篮、读故事、念童谣和玩简短安静的游戏。对大些的孩子，可以读故事或轻声交谈。
- 记住：一个孩子的睡眠模式通常在其成长的每个新阶段都有变化。当孩子处于压力期、新体验期、家庭变动期和儿童成长中的触点期时，你要预料到睡眠失调的发生。可通过轻声安抚孩子来使他迅速入睡。
- 内向孩子可能会在感觉饥饿、过冷或过热时醒来。研究表明，晚上睡觉时盖上手脚能让内向孩子睡得更好。我内向的外孙克里斯托弗每晚都穿着他那双大鸟拖鞋上床睡觉，一直到 3 岁才停。
- 鼓励孩子找一个舒服的东西抱着睡觉，比如毯子或毛绒玩具。随着他们年龄的增长，为了使他们忙碌的大脑停歇下来，内向的孩子可能需要轻柔的音乐来驱散他们繁忙的思绪；外向的孩子反而通常需要减少所有外界刺激。

- 平静而礼貌地对待孩子的恐惧。帮助孩子寻找躲在黑暗角落或床底下的怪物。我过去常拿一个棒球球棒在床底横扫一遍，再向我女儿的衣橱挥几下，以保证那些令人讨厌的小妖精已被清理掉了。

- 确保就寝时间不会被一拖再拖。两次请求——到此为止。针对较年幼的孩子，做些"睡觉"票，上面写着"喝水""去洗手间"或"晚安吻"。每个晚上孩子只能用两张，用完后你就可以说："啊！不行了！你已经用完了你的两张睡觉票了。晚安！"

微妙的纪律

没有纪律，就不可能有生活。

——凯瑟琳·赫本，电影巨星

纪律保证孩子成长为独立的成年人。纪律并不总让人感觉舒服——对你和孩子都是如此——但却是必需的。在孩子的成长过程中，父母只有短时间的机会能对孩子施加影响。耐人寻味的是，观察父母的行为是孩子学习纪律的首要方式：你做什么比你说什么对孩子的影响更大。在你跟孩子相处的这段不长的时光里，你可以以身作则，向孩子示范自制力、良好的选择能力以及在尊敬权威的同时独立思考的能力。你能教给孩子人生中非常重要的一课是：责任是独立的代价。在《天赋各异》一书中，伊萨贝尔·梅耶强调了自律的重要性。她称其为一种良好的判断能力，即"在两者之间做出更好的选择和进而付诸行动的能力"。如果这些人生的纪律基石没有早些铺下，孩子在成长中就会遭遇很多的困难。

内向的孩子有以生理为基础的固有的自律能力。他们能对自己说"不"，他们会对形势进行评估。而且，由于三思而后行，他们很自然地对自己的行为方式有所选择。如果不是被人恶劣地对待，他们易于发展出自律能力。他们只需要微妙的纪律引导，来让他们向正确的方向前行。

纪律谱线

　　整个谱线范围包含了孩子被纪律管束的各种程度。位于谱线一端的是无纪律约束的孩子。没有纪律，孩子就不必面对自己行为的后果，因此也学不会把自己的选择和行为同自己的生活遭遇联系起来。他们接收到的信息是：他们的所有行为都被允许。如果出了差错，他们会把自己的问题推到别人身上。"过"律的孩子则在纪律谱线的另一端。纪律过多，孩子会变得萎靡不振，缺乏自信，有自我失败感，进而做事轻言放弃。

　　积极的纪律意味着在纪律过多和纪律过少之间保持良好的平衡。对作为家长的你来说，幸运的是，内向的孩子倾向于服从纪律。生理原因导致了他们要对自己的行为"踩刹车"。由于在说与做之前花时间考虑，他们绝少冲动行事或发言。尤其对比其他的孩子，他们更有后果意识。他们目光敏锐，善于观察周围发生的事情。他们有强烈的、通常超出他们实际年龄的道德感。说是如此，他们却也还是孩子，有时也需要试探行为的底线。他们也会做出错误的判断，他们也十分倔强。

　　内向孩子的纪律方式与外向孩子的纪律方式截然不同。内向孩子的基本生理构造以行为抑制为目的。他们常想取悦父母，而且容易感到羞愧和内疚。外向孩子的生理构造则允许他们"制造麻烦"。他们希望获得外界的认可，未必一定是父母的认可。如果没有得到足够刺激，他们有可能调皮捣乱以制造兴奋感。事实上，他们还会因为刺激所带来的兴奋感而享受冲突。由于外向的孩子易冲动，他们需要严明一致的行为界限，他们也不像内向孩子那么容易受羞耻感和内疚感的影响。

　　大多数内向孩子只需要支持、鼓励和少数恰到好处的限制。通常对于内向的孩子，简单的解释足矣。"宝贝，我头疼，你今晚能歇会儿，不练你的电吉他了吗？"他们往往愿意并容易迁就他人（原因已经在第2章讨论过），约束自己时很自然而没有不满的感觉。在相反的行为即提出反对或冒险的行为上,他们通常需要更多的帮助。

内向孩子存在的两个常见问题是:担责过多和轻易感到内疚,甚至对于非他们自身的过失或在他们控制能力之外的事也是如此。不知有多少内向的孩子跟我说过这样的话,每当老师报告教室里有件东西丢了,他们就感觉内疚,虽然明知东西不是他们拿的。这也是为什么你要细心周到地对待你的内向孩子的又一个原因。

密切关注:对于某个意外的发生,你的内向孩子是否揽下了过多的责任。比如,如果他因为一件小事故而负疚,没有你的帮助他可能没法对此释怀。再比如,如果他一不小心踩到了小狗的脚,他可能会感到很不安,还会对自己很恼火。再多的言辞或惩戒对他来说都是不必要的。将来他一定会更小心。要是你的孩子伤害了别的孩子或家里的宠物而没有感到懊悔或不安,那你就要管教他了。给孩子的行为设定指导性的限制未必就会使孩子感到压抑和气馁。这里有一个微妙的平衡。

自身固有的停止信号

由于内向孩子天生有行为抑制力,且能对他们的行为后果做出预想,他们通常不愿意参与破坏性的行为,如开快车、入店行窃或其他不法活动等。这是好事。此外,涉险行为导致体内释放过多的肾上腺素,当血管中充斥着这些化学物质的时候,内向的孩子会觉得很不舒服。外向的孩子体内则没有这种固有的停止信号,因此他们对那些刺激性的化学物质所带来的冲击非常享受。这也是为什么外向的孩子在挺身涉险,或者说得极端些,参与不法活动时不会再三考虑的原因。所以说,虽然内向孩子在行为上可能有过于顺从的缺点,但对于涉险行为,他们比外向的孩子表现得更为理智,这是他们的优点所在。那些具有良好的自尊感、获得鼓励多于批评的内向孩子更可能遵守规则——这种品质在当今世界已经比较稀缺——也能在必要的时候为自己争取权利。在这点上他们可以向奥斯卡影后海伦·亨特看齐。海伦·亨特称自己为"大胆的内向人"。她说,她自己有时候可能却步不前,但只要是觉得有必要离开她的舒适区域,她就会把骨子里的那股肆意劲儿发挥出来。

谨记,要建立内向孩子的自信心,相互信任的人际关系是关键。在没有学会重视和享受人际关系之前,内向的孩子往往会蜷缩在自己的壳里。对于一个明显羞怯和不自信的内向孩子来说,严厉的对待——包括过分严厉的管教——必然会失败。体罚或羞辱性的惩罚方式让孩子认为侵犯行为能解决一切问题。所有已知的儿童发展研究都表明,打孩子、骗孩子、打屁股、取笑孩子或者拿孩子作比较等行为对孩子成长的危害性非常大。更别说这种类型的管教根本就是不管用的。为人父母是个苦差事,人人都有暴躁的时候。但是,如果你常有情绪问题,那请你阅读一些有关这个话题的书,或者去学习愤怒管理的课程吧。

控制与合作

许多家长认为他们有必要支配和控制孩子的行为。对这一想法,他们可能没有意识到,但他们的支配和控制却体现在很多方面,包括对孩子的指责、命令、教训、讽刺和威胁,用孩子作比较以及博取孩子的同情等等。

控制的对立面是合作。处于合作中的父母和孩子放弃了对支配和控制的要求。父母赢得孩子合作的最佳方式是传递给孩子这样的信息:他很能干。与家人合作能强化孩子的这种能力感,从而使孩子建立起对自己贡献能力以及与他人交往能力的自尊和自信。

即使你认识到了合作的价值以及企图控制孩子是徒劳的,要置身权力斗争之外还是有相当的困难。首先,到了特定的年纪,孩子就要在自主权上一试身手,这是他们的天性。我们都知道"可怕的两岁",但较少人知道4岁半也是个摩拳擦掌的年纪。同样的,还有6岁、8岁、13岁和17岁,这些年龄的孩子将真正考验家长的能力。控制力的斗争在这些阶段极易被引爆。内向的孩子虽然看上去可能温良和气,但是他喜欢"走自己的路",而且相伴随的还是那个熟悉而又倔强的鼓点。此外,他更可能在感到无助、无所适从、气愤或者恐惧的时候变得忤逆。但是,一个巴掌拍不响。孩子找碴儿,作为家长,你可以学着不上钩。

如何置身纷争之外

- 记住你是成年人。即使你不这么觉得,你也要把自己从权力争斗中抽离出来。停止争吵。如果权力斗争有发展,那就说明你没有承认孩子的感受和观点。退一步,深吸一口气,考虑一下当下的情况,然后问孩子:"为什么我们闹得这么僵?"

- 冷静下来。再深吸一口气,回想一下整个情形,问自己"为什么我这么放不下?"你的孩子指望你能保持冷静的头脑。

- 思考你的下一步。把注意力放在你将做什么上,而不是你正试图让孩子做什么上。

- 客观看待发生了什么:"我知道你很生气也很失望,但是抱歉——今晚的甜点已经没有了。嘿!你猜怎么着?明天晚饭以后——甜点又有了!"

转换到合作模式

- 阐明问题。"我们早上好像就是不能按时出门。结果是我发脾气,你上学迟到,还心烦。"

- 让你的内向孩子帮你寻找解决问题的方法。"你觉得要动作快点有什么可能的方法?让我们一起看能做什么。"如果他没有提出任何建议,就用一些你的想法提示他。在这个例子中,提示可以包括早点儿起床,提前把要穿的衣服摆出来,提前准备好早餐和要带的午餐及早上不要开电视等。

- 几天以后评估一下事情进展得怎么样了。要表明这是你们两人共同的事。

- 给孩子递个小纸条。"嘿！我觉得我们有进步了。我们准时出门都连续三天了！"

克服情绪失控

> 什么都被管，孩子不开心；父母责在此，这是天注定。
>
> ——奥格登·纳什（Ogden Nash），美国打油诗人

所有孩子都要经历一些特定的年龄（如"可怕的两岁"）和阶段（快速生长期）。在这些时期，他们更容易发生情绪方面的失控。对很多内向的孩子来说，他们一直以来，甚至在两岁的时候都表现得非常随和，但是到了四五岁左右，他们就开始出现必须予以重视的更强烈也更明确的需求。这时候，他们会尝试用恳求、哭闹和沉默等方式表达需要。如果没有得偿所愿，他们还会拒绝和你说话。接下来的日子就是一个"糟"字：孩子感觉不舒服了，他要"走自己的路"了，他觉得被逼得太紧了，或者，他被自己的情绪淹没了……结果就是一顿酝酿完毕的大脾气。外向孩子倾向于外化性的行为，他们往往因自己的困难而怪罪或迁怒他人——通常是父母中的一人。内向孩子倾向于内化性的行为，因此他们更可能变蔫儿、变沉默、变得对你视而不见，而不是跟你大闹一阵脾气——但这事也不是不可能发生。

考验家长的意志就是在这些时候。当孩子正在脾气劲头上的时候，似乎你做什么或说什么都只会让危机加剧。当你觉得自己的火气往上蹿时，可以去休息一会儿——类似于暂停时间，让自己冷静下来。接下来，你可以展开"侦查"工作，尝试把罪魁祸首给揪出来。内向的孩子最有可能在感到过度繁忙、过度刺激、疲惫或饥饿的时候被突然的情绪爆发征服。问问你自己，什么事超过一定的限度了（譬如，过多的视觉刺激、周围过多的人、过多的变化、过多的糖分等）？什么事不够（譬

如，休息不够、血糖过低、休整恢复的时间不够）？承认并接受孩子的感受。你可以说："我知道你想要那个玩具，但是我不打算买。"没有借口、例外或解释。只在他冷静下来以后，给他提供别的选择。深呼吸几次，这事就过去了。没错，你的孩子会长大的。

如果你刚出门没多久，而孩子已经感到无聊、疲惫、饥饿、热或者冷、过度刺激或压抑，他可能会开始周身不自在地扭动身体、发牢骚、要玩玩具或要吃零食，或者发出刺耳的哭闹声。当然最好不要等事情发展到这个地步，但是如果已经这样了，你最好的选择是分散他的注意力：做个鬼脸、唱首歌、兴致勃勃地指给他看一个有趣的东西。如果情况允许，你也可以和孩子一起离开"是非之地"，尤其是喧闹的公共场所。不要理会任何窥探和责备的目光，将注意力集中在孩子身上。平静你自己的情绪并抛却任何你可能有的尴尬感。每个家长都有要处理麻烦的孩子。下次，预计好孩子能承受的逛街时间、下婴儿车走路的时间和持续不进食的时间，并就此做出相应的计划，从而对孩子的情绪爆发防患于未然。

大孩子的态度

年纪较大的内向孩子有他们自己独特的情绪失控方式。通常，内向的孩子都很随和，但当体内的荷尔蒙分泌开始激增时，令人大吃一惊的情况也会出现。那感觉像是你孩子的身体被某个坏脾气的外星人侵占了。原本那个讨人喜欢的孩子去哪儿了？你也许会觉得非常失落。你处于青春初期的孩子开始以我女儿原来发脾气时被我命名的"鱼眼"瞪着你，跟你闹情绪，不和你说话，用不耐烦的语气给你一个字的"简短"答复，在你背后翻白眼，搞怪。

我还挺幸运，能活着看到我的前"鱼眼"女儿现在被她自己处于青春初期的女儿用一模一样的"鱼眼"瞪。当你的内向孩子正经历这些恼人的阶段时，你要谨慎地选择和他"干仗"。记住，孩子认为父母"这么讨厌、这么笨、这么可笑、这么迟钝"有他的用处。处于青春初期和青春期的孩子正在为他们即将到来的、让他们有些胆怯的"离巢一跃"作准备。把你打下宝座,这对他们的离巢会有帮助。他们正在争取独立和自主。你也可以说:"嘿!淡定点!""重说一次!态度友好一点!""回你的房间去吧。等你身上的魔兽走了再出来。"幽默感是你在这些阶段的最佳同盟。

瑞秋是我现在正在接触的一个很爱闹情绪的处于青春期的内向孩子。她的妈妈对正常"青春期躁动"的反应是受伤和生气。"她原来是个多么体贴人的孩子啊。"她的妈妈有些伤感地说。好,这就是瑞秋了。在正常的成长期阵痛的刺激下,她坚决不肯让步。自主权的争夺战正在进行。到目前为止,瑞秋占了上风。她非常沉默。她对妈妈很不礼貌。到我办公室的时候,她也用冷冷的目光盯着我。我曾鼓励她妈妈不要把女儿萌芽的独立性看作是对她个人的否定。那并不意味着她不是个好家长——事实正相反。对青春期的孩子来说,瑞秋的表现是正常的。我与瑞秋就其情绪问题谈过——那些情绪很正常。她父母感到厌恶,这从成长的角度看是合理的。承认了这些情绪,其积极结果就是母女关系改善了很多。

> **本章重点**
>
> ◎ 安全、稳定、生活规律的家庭环境最适宜内向孩子的成长。
> ◎ 有规律的家庭生活能增强孩子储存和恢复精力的能力。
> ◎ 邀请内向的孩子参与合作能提高他们的自我能力感。

第 6 章

游戏、谈话和休闲的艺术

鼓励日常闲聊、创意性的游戏、分步做决定和抗压技巧

想象也许是唯一一种快乐的智力活动。

——乔治·西亚拉巴（George Scialabba），美国自由书评人

成年人有时候把游戏——你的孩子在功课、音乐兴趣班和其他活动完成后所做的事——看作无关紧要。但是，玩游戏是童年的功课，是孩子学习、减压、探索、想象以及尝试角色和社会行为的方式。当代美国文化过于重视孩子的成绩，而贬低游戏的价值。因此，如今在与父母和朋友真正地玩、自由地玩方面，许多孩子都有欠缺。真正的玩，至少是在我看来，该包括泥巴、水、树、公园、操场、颜料、积木和过家家。玩就是自由地去开发和创造，去问"如果……怎么样"？在一个安全的成长环境中表演"像什么"。

内心生活丰富的内向孩子尤其需要游戏所提供的开放性平台来练习与人、事以及新概念的互动，使他们往后能在真实世界中加以应用。通过玩游戏，内向的孩子可以考验自身想法、扩展语言能力、解决情感冲突、实践新的社会行为和学习处理问题的方法。对内向的孩子来说，

"玩"通常能让他们以较少的精力付出达到较多的快感回报。游戏既能让内向的孩子明白，与外部世界交往是有趣的，同时也能让他们得以应用自创的方式来安抚自己。在游戏的过程当中，由于内向的孩子注意力集中，全身心投入，所以往往能学到更多的东西。

最佳的游戏方式

恰当的游戏对大脑的发育至关重要。右脑思维的内向孩子可能天性好玩，但是所有孩子的大脑发育都要通过玩耍来促成。内向的孩子所需要的是实在的精神食粮而非空洞的热量，也就是说，他们需要能让身心丰富的游戏。我们现在培养的孩子有着越来越快的左脑思维，但他们在思维过程中没有进行右脑中枢情感和道德感的整合。对这一事实，脑研究专家安东尼奥·达玛西奥（Antonio Demasio）表示了担忧。也正因上述情况，逻辑性思维强的左脑被过度使用，而联想性思维更强的右脑则利用不足。如今，凭借着掌上型游戏机（如任天堂公司的"游戏男孩"）、电脑、电视以及其他配备电池且有内置反应的玩具，许多孩子玩着快速、有目标导向的攻击性游戏。这些游戏和玩具对人际互动不做要求，对想象力的要求也很低。研究表明，左脑多巴胺的过度活跃导致某些大脑回路被定型。这些脑回路使孩子期待快速奖赏以及"机会性命中"快而多地发生。这既造成了冲动行为的增加，也使孩子习惯追求那些能带来快速刺激感和满足感的事物，而不是尝试任何报偿较慢的事物。

那些给予孩子探索、想象、创造和观察自由的玩具和活动对孩子的成长更为有益。为此，我挑选了一些开放式的玩具和活动，例如积木及其他建造性玩具、玩偶以及艺术用具。好的户外活动也为孩子提供了形形色色的机会以发挥他们的想象力——石头、枝条、叶子和花都可以成为玩具，而且孩子也能从对动物和昆虫的观察中获得长久的乐趣。绝大多数内向的孩子发现自然能使他们精力充沛，因此他们愿意找寻这种体

跟孩子玩游戏

在跟孩子玩游戏的同时，你和孩子之间的情感联系也能得到加强。游戏是共度亲子时光的绝佳方式，但并非所有的游戏都具有同等的价值。研究者发现，当父母指导游戏或决定游戏规则时，孩子表现出的创造力较少。当你在游戏中给予孩子（特别是内向孩子）自主性时，游戏更能把他们内心的活动展现出来。你的陪伴让他们兴奋不已，但是他们并不需要你为他们打理所有的事情。

可行的做法：
- 就使用材料予以指导性的建议："现在，我们来看看能用这些积木搭什么，好吗？"
- 提出开放式的问题："你的房子看上去挺酷，这是一座什么房子呢？"
- 允许孩子指导游戏，跟着他的思路走。

不可行的做法：
- 提出明确的建议，如"我们用积木来搭一座桥吧"。
- 猜测他正在做什么，他可能会有受评价的感觉，心里有压力。
- 下指令，控制游戏的进程。

验。自然是一个姿态从容、育人于微的老师。我还记得小时候学到的一堂重要的人生课。有一次，我和我的朋友莎伦用竹子和大块的旧木头在离家不远的一条冲积河的河底建了座城堡。后来下了一场大暴雨。当我和莎伦再去查看城堡的情况时，城堡已经被泛滥的河水冲得无影无踪。我还记得自己当时怎样惊叹于自然的力量。我和莎伦对我们的损失稍作叹息，接着就在地势更高的地方重建了一座城堡。如我之前所言，内向孩子的大脑能像倒带一样迅速地回溯过往经历。通过回顾，他们能把所学的经验加以应用。我永远不会忘记在那条河那里,自然向我展示的毁灭力和恢复力。在我此后的人生中,我对这一点的记忆帮助我在两次地震和一次火灾后重建生活。

游戏给了孩子一个全新的视角,从而培养了孩子的社会和认知能力。游戏也为孩子的成功和失败提供了一个安全的试验空间。内向的孩子在游戏中排练真实的生活,但免除了真实的后果。内向的孩子喜欢有备而行,不喜欢被弄得措手不及。内向孩子大脑的"预先计划"部分会对问题作全盘考虑,并设想各种可能性。排练花的精力较少,且能让孩子做好准备以应对真实的世界。

内向孩子的游戏攻略

为了培养内向孩子的独特能力,我们应当为他们量身打造游戏的方式。一方面,过多的用品、玩具或玩伴会让内向的孩子应接不暇。另一方面,那些无须思考、不需要创造力或解决问题能力的玩具又让他们提不起兴趣。以下是几个小窍门:

● 把一些新玩具存放在柜子里,轮番使用它们,以使孩子总有新东西玩但不至于一次面对太多的玩具。

● 挑选基础玩具,如毛绒动物、乐高积木、玩具茶具、卡车、培乐多彩泥、蜡笔和画纸等,以使孩子的想象力有发挥的空间。内向的孩子有比较丰富的创造力,喜欢运用抽象性思维。内向的孩子能用一些基础玩具(如积木)来将他们内心的想法复制到现实世界。

● 内向的孩子喜欢一对一地玩。给你的孩子提供与另一个让他感觉自在的孩子或成人玩耍的机会。

● 鼓励孩子仔细观察。天生的"见人所未见"的能力是内向孩子所拥有的最重要的优势之一。许多内向的孩子长大后将这一能力运用到他们的事业当中——那些对观察力有要求的职业,比如作家、科学家、

游戏给了孩子一个全新的视角,从而培养了孩子的社会和认知能力。游戏也为孩子的成功和失败提供了一个安全的试验空间。内向的孩子在游戏中排练真实的生活,但免除了真实的后果。

心理学家和老师等等。给你的孩子一个一次性相机或一些间谍玩具，跟他玩一些诸如看手势猜字谜和"猜猜是谁"之类的游戏。

● 内向的孩子觉得在水里玩很放松，很惬意。为你的孩子提供充足的沐浴玩具：漏斗、海绵、水壶、水杯和浴缸贴画。手指画颜料和水彩颜料也是他们的最爱。

● 找到与孩子的特殊兴趣相适应的玩具，无论是动物、士兵玩具、木工，还是音乐和玩偶。

● 青春期初期（9~14岁）和青春期的孩子玩的方式包括戏剧表演、写歌和写故事、创作艺术作品、做陶器和做手工等。学习打扑克牌及其他游戏能够教给孩子重要的社交能力，例如对待输赢和遵守游戏规则。

家里的电子设备

> 我觉得电视很有教育性。只要有人打开电视，我就到隔壁房间去看书。
> ——格劳乔·马克斯（Groucho Marx），美国喜剧演员

儿童和媒体是个要从多方面斟酌的话题（我所指的媒体包括电视节目、DVD碟、录像、广播、报纸和杂志、电子和电脑游戏或互联网）：一是内容，二是媒体本身，三是你的孩子因使用这些媒体而错过的事。你不必对媒体心怀畏惧。媒体是我们这个世界的一部分，自有其价值。内向的孩子能利用媒体改变其自身思考的封闭状态。媒体给内向的孩子提供新的信息输入，让他们活跃的头脑得以休息片刻。也正因为如此，内向孩子觉得大多数媒体形式都予人以放松感。听广播、音乐或看电视有助于许多内向孩子进入梦乡。不同于外向孩子，内向孩子确实能通过应用这些媒体而学习。例如，他们喜欢看的是科学、动物和历史频道，他们还经常在互联网上进行研究。大多数内向的人（包括成人）喜欢听别人给他们阅读东西，所以他们喜欢有声读物。

但是，对媒体的摄入量必须予以监测。就电视而言，孩子们会遭受各种以他们为目标、低俗且常具有操纵性的商业广告的狂轰滥炸。虽然好的电视节目还是有的，但是粗俗、暴力、可怕的画面和令人不安的情节充斥着电视屏幕。孩子们观看电视需要有成人在一旁监护，以作必要的干预及回答孩子可能提出的问题。跟你的孩子讨论他们所接触的表演、游戏和其他媒体形式——这一点很重要，因为他们需要帮助才能消化掉所有接收的信息。

记住，内向的孩子有非常敏锐的感知能力。有时候，他们通过感知收集到的信息是零碎的，这给他们造成的困惑感和不安感更胜过把所有事实都摆在他们面前——因为面对信息碎片，他们可能不知道该如何开启一个话题或该问什么问题。

在2001年"9·11"恐怖袭击发生后不久，我遇到一个家庭。这个家里有一个6岁大的孩子。我问孩子的父母，他们是否就袭击事件跟儿子讨论过。他们的回答是："哦，他知道得很少。我们一直都没开电视。""他所知道的很可能会让你们吃惊。"我说。果不其然，孩子对诸如"恐怖分子""自杀"和"劫机"等词汇的熟悉程度让他们大为震惊。一旦谈到了这个问题，孩子的疑问也提了出来——这些疑问都围绕着如何把他目前所知的信息片段拼凑成一个完整的事件。

孩子需要有与父母共同讨论这些事情的机会。对于年幼的孩子，特别是安静而又善观察的内向孩子，知道这个世界的问题是个不小的负担。孩子需要父母允许他们提问以及纠正或充实他们的观点。否则，孩子会一个人绞尽脑汁，想个不停，而这样的重负也太难为孩子了。

聊天时间的重要性

如果什么事都能变得合理一点，那该有多好。

——电影《爱丽丝梦游仙境》

屏幕，到处都是屏幕

如今的父母都对电子媒体给孩子造成的影响深感忧心，特别是看到电子媒介似乎无处不在。电子媒体的缺点自然是有的，但它也有一些优点。问题的关键在于限制观看时间以及保证孩子在观看前与你进行沟通。举个例子，你可以鼓励孩子运用他自己的判断力来评判广告商是怎样试图控制观众的想法的。

电子媒体的负面影响：
- 易使人沉迷成瘾及造成过度刺激。
- 削弱想象力和创造力。
- 缩短注意力持续时间。
- 使阅读时间和其他活动时间减少。

电子媒体的正面影响：
- 让内向孩子活跃的大脑得以休息。
- 让内向孩子放松下来。

与你的内向孩子每天至少交谈 15 分钟。对于内向的孩子，聊天是一种很有效的情感联络工具。聊天既向孩子表明了你是他们的伙伴，也肯定了他们在家庭中的位置。聊天还会给你的孩子带去快乐，并增进他对你的信任以及他对自身的了解。倾听孩子要说的话，仔细琢磨琢磨，然后以开明的态度给他回应。提问时要表现出好奇："课间休息时发生了什么？""你今天学到了什么新知识？""苏茜为什么爱跟你玩？"不要质问、评判或试图处理孩子的问题或情绪。问他自己认为该如何解决自己的问题。尝试轻松的假设性提问，鼓励他进行换位思考，比如："如果

- 有时会介绍其他国家人们的兴趣爱好和生活方式。
- 有时讲授关于历史、自然、科学和文化方面的知识。
- 在与他人讨论的情况下,可以拓展孩子的想象力和讲故事的能力。

你可以做的:

- 限制观看时间,每天1~2小时。
- 跟孩子一起玩电子游戏,以使其成为一种互动的体验,而非只是电子独角戏。
- 与孩子讨论现实生活和电视节目的区别。
- 与孩子谈谈电视中的暴力,向他解释那是虚构的而不是对现实生活的直接反映。
- 与孩子谈谈电视中的广告,向他说明你不必仅仅因为某件东西看上去很酷或别人说你应该拥有而去购买它。
- 最后,就某些特定的问题或事件询问你的孩子。对世界大事,孩子往往知道的比你以为的多。让他能与亲密的人讨论他们的认识和想法,这很重要。

那件事你能重做一次,你会怎么做呢?"

听孩子说话的同时,你也在帮助他练习与他人分享内心世界的能力。孩子需要你参与对话,并和你一起讨论彼此的想法。你的参与既对孩子的表达有诱导作用,也减少了孩子一个人钻牛角尖的可能性。通过日常聊天,内向的孩子会明白,他们有趣的事情可以与人分享。孩子需要有安全感的互动,在这一互动过程中,你倾听他的发言,但不要轻视他的想法、情绪和问题。这样他就会知道,"我的想法值得倾听"。甚至对年龄很小的内向孩子,对话也是表达肯定和鼓励以及拓展孩子视野的有效方法。

聊天时间是与孩子亲昵依偎的绝好时机。与孩子在沐浴时、睡前或仅在平时休息时一起放松地躺着——这些都是你的内向孩子用他的想法突然"袭击"你的时间。随便闲聊、提问但不施以压力，一起思考某件事，都会使孩子有倾诉的欲望。弄明白哪些话题能引导孩子说话——有时候，如果你跟他分享你自己的事情，他就会开口。

一位找我咨询的家长有一个7岁的孩子叫爱丽丝，她不久前设定了和孩子聊15分钟的时间。这位家长和她的孩子都是内向的人，两人间的关系也非常敏感。妈妈不喜欢玩，并期望爱丽丝能表现得像一个成年人。在我反复督促之下，用减少母女争吵当作"诱饵"，妈妈终于定下了一个聊天的时间。从此以后，每天晚上熄灯前，母女俩就躺在爱丽丝的床上思考各自度过的一天。这时，从容而轻松的谈话就发生了。妈妈惊讶地发现，女儿现在随口就会提出"我们今晚可以在聊天时间聊这件事情"。爱丽丝向妈妈讲了更多自己的事情，甚至还会征求妈妈的意见，她们之间的争吵也减少了。

聊天行家

有时候，要挑起话头或让已有的谈话持续下去比较困难。下面是一些能够让你的内向孩子开口的小诀窍：

- 避免"是/否"等闭合性问题——提出开放性问题：为什么？哪里？什么？谁？
- 提问要具体——你今天在学校做的最有意思的事情是什么？
- 问细节——关于蝴蝶的专题发言进行得怎么样？

阅读

大多数内向的孩子都喜欢阅读。在针对内向的人展开的一次在线调查当中,当被问及记忆中最喜欢的童年休闲活动是什么时,受调查者都把阅读放在第一位。内向的人喜欢体验想象中的冒险,喜欢认识故事里的人物。

你可以把孩子的阅读热情作为接近他的方式。方式之一是和孩子一起阅读同一本书,进而围绕这本书进行讨论,或者让孩子给你讲述他正在读的书。为什么他喜欢这一本而不是那一本?你也可以跟孩子聊聊你喜欢读的书。

《亲情无价》是一部非常感人的电影。影片刻画了一个外向型母亲(梅丽尔·斯特里普饰)和一个内向孩子(蕾妮·兹维格饰)之间的巨大鸿沟。妈妈提议与女儿建立一个读书俱乐部——成员就是她们俩。通过共同讨论在读的书,女儿看到了妈妈内心世界一道新的风景。

内向的人喜欢听别人给他们读东西——许多内向的人告诉我说,他们童年最愉快的记忆就源自于此。挑选一本你和孩子都喜欢的书,以读一个故事或小说的一章结束聊天时间。跟孩子探讨书里的人物和情节。在平常的生活中,当某件事让你联想到书中的某个情节时,把这件事讲给孩子听。

分步骤作决定

我肯定有个硕大的脑袋。为了让它作一个决定,我有时要花一个礼拜的时间。

——马克·吐温,美国著名作家

"让我想一想"是内向的人的口头禅。内向的人没法像外向的人那样遇事当机立断。在作决定之前，他们较长的大脑回路要花很多时间合并和表达大量信息。他们通常需要一个安静的环境、时间和空间理清思路。事实上，在被要求当场做出决定时，内向的孩子很可能会不知所措。然而，他们的小决定、小想法又在不断产生。提醒你的孩子，为了作决定而花点时间是可以的。让他明白，作决定时没必要那么紧张。一旦把决策的过程分解成一些小步骤，那些决定也就变得容易多了。同时告诉孩子，就像做许多别的事情一样，作决定也可以熟能生巧。另外，每一个决定，即便是看上去无关紧要的决定，都提供了一个选择、表明立场或解决问题的机会。

如何帮助内向的孩子作决定

内向的孩子能成为优秀的决策者。角色扮演，模拟作决定的步骤是练习作决定的好方式：

- 询问孩子是什么让他难以抉择。
"我想去夏令营，但我有些担心。"
- 让他把事情的利弊各自写出来。

利：

- 夏令营可能会很好玩儿。
——凯勒布和内森都去。
——那儿有马和篝火。

弊：

- 我从来没去过那里。
- 我得离开家一整个星期。可能也没那么好玩儿。
- 可能会有人欺负我。

跟你的孩子聊聊他正遇到的问题，一边聊，一边亲切地问他："是什么让你犹豫不决？每种做法的优缺点各是什么？你的直觉是怎样的？过去你作过一些决定，现在你能拿来做参考吗？你想避免再犯过去犯过的错误吗？"对于孩子内心的挣扎，你要表示理解和承认，比如："我知道，作决定并不容易。"你也可以告诉他，在大多数情况下，决定都可以留到第二天早上再作，事情往往会在早上变得更加明朗，那时再作决定和计划也不迟。让孩子回想他从前作过的那些结果还不错的决定。提醒孩子，没有完美的决定，只有人根据可用信息作出的最佳决定。另外，你也要让他放心，决定做出了也是可以改变的。

- 问孩子有没有想到可能解决问题的办法。如果没有想到，给他一些提示：
  ——可以跟内森的哥哥聊聊。他去年去过这个夏令营，所以对情况更了解。
  ——可以做好打电话或给家里写信的准备。
  ——可以问清楚，朋友们是否能跟我同住一间木屋。
  ——可以从家里带些特别的东西过去。
  ——如果有人欺负我，我可以报告辅导员或者告诉朋友。
  ——可能有些活动好玩儿，有些活动不好玩儿。这些我都能接受。
  ——如果最后情况确实很糟，可以让爸爸妈妈来接我回家。
- 让孩子第二天再作决定。
- 鼓励孩子做出初步的决定，体会一下当时的感觉。然后就新出现的想法作进一步的讨论。
- 制订一个计划。对他的选择表示祝贺。

动静相宜的艺术

每一天，内向的孩子都要面对许多让他们感到沮丧、焦虑以及可能带来失望的情况，比如新的学业负担、学校生活压力和不稳定的友谊。作为家长，我们要协调两方面的事情：一是教孩子学会寻求帮助，二是帮孩子学习独立处理挫败的能力。好消息是，内向的孩子能够学会让自己的情绪平息下来。这一点很重要，因为如果情绪平息不下来，问题也就无法解决。孩子越早学会平息自己的情绪，他处理各种事情的能力就越强。

培养孩子自我安慰的能力要从小做起。当孩子面对挫折的时候，家长常常会冲上去解决问题，而不是帮助孩子培养保持冷静的能力。所以，我们要给孩子一些独立解决问题的空间。当孩子想出某个改善情况的办法，或者知难而进再作尝试，你可以拍拍他的肩膀，说一些鼓励的话，譬如"好样的，你已经解决了这个问题"，或者"好家伙！这些问题可够难的。我很高兴你能坚持下来"。

由于内向的人容易在尝试新事物之前感到焦虑，所以你要帮孩子掌握一些方法以控制这种焦虑感。教他如何对可能发生的事情预先做好准备，让他练习如何做出应对。这会给予他冷静和自信，也会让他的"让我想想再说/做"的反应过程更具效率。演练某种情况的所有可能走向，反复改写事件发生的可能性——这有助于孩子认识到生活中常有意外发生，但他无须对此感到恐惧。帮助他锻炼应付意外的必要能力。当你拿什么主意时，与孩子讨论一下。你可以对孩子说："当我不得不让干洗店重洗我的大衣时，我感到有些紧张。你觉得这件事最后处理得怎么样呢？"内向的孩子需要知道，我们所有人在跟别人打交道的时候都会遭遇不确定。这些讨论将在孩子的内心植入一个积极的声音，即"我能做得像妈妈那样好"。

椅子上的旅行

下面一个练习能让你的内向孩子学会如何度过一个头脑中的迷你假期,并在休整后神清气爽地回归现实。让孩子保持一个舒服的坐姿;提示他想象一片宁静的景色,如阳光下开满鲜花的草地、海滩,或者任何他觉得最放松的场景。在以下的几分钟里,让他专注于这个场景,假想自己置身其中。提醒他去感受阳光、微风和空气的温度,去倾听海浪或风吹过草地的声音。让他如此练习几次,让他明白这个地方总会为他而存在。当他感觉紧张的时候,他可以随时到那儿小憩。

快速简单的抗压方式:

- 哼唱(任何东西)。
- 买支唇膏——薄荷味的或任何你孩子喜欢的气味,闻到这个气味能让孩子觉得更清醒。
- 像浑身湿漉漉的小狗一样甩甩身体。
- 在室外踢球或扔碰碰球。
- 撕纸或杂志(反正它们也要回收)。
- 放些欢快的曲子,随心所欲地跳舞。
- 爱抚宠物或跟宠物玩。

动起来

有时候,内向的孩子需要有人提醒他们"动起来"。不时敦促你的内向孩子,让他去活动活动筋骨。当他一个人在自己的房间里安静玩耍时,体育活动可能并没有什么吸引力。这时你就要给他提个醒了,让他意识到他自己确实喜欢某些运动,比如骑自行车、跟姐姐玩传球游戏,或者带着狗狗到外面轻快地走一圈。让他在 3×5 英寸的彩色卡片上写下"我喜欢做的事情"（彩色总是比纯白色更让人振奋）。要是他想不出要做什么，就可以翻一翻这些卡片。你能让他逐渐养成一个习惯，即在开始某类行动前设想自己想做的具体的事。这能为他的行动提供动力，也能使他大脑的快感中枢兴奋起来。

快速简单的能量引擎发动方式

● 风力发动，向你的孩子展示如何摇晃手脚和摆动手臂以增进循环和提升精力。

● 邀孩子跟你一起放声歌唱，或者，如果孩子更喜欢自吟自唱，提议他在洗澡时大声唱几嗓子。

● 放点音乐，并绕着房间或在你的内向孩子身边跳舞，或者，让他教你跳最新的舞步。

● 傻呵呵地跟孩子一起大笑。看一部老的喜剧电影，如马克斯兄弟的《骗人把戏》——大笑是最好的兴奋剂。

让你的孩子在蹦床上摇摆、旋转或弹跳。骑自行车和溜冰是很棒的运动。内向的孩子喜欢自由的感觉。乒乓球或羽毛球也是能有效激发孩子活力的运动形式。

本章重点

◎ 游戏是内向孩子测试新技能一种省力的途径。
◎ 内向孩子在作决定前要花时间仔细琢磨他们头脑中输入的复杂信息。
◎ 日常聊天有助于内向孩子理解自身的经历。

第三部分

家庭的差异性

> 养孩子与拍电影很像,都有很多相同的担忧。
>
> 是不是走得快了?是不是走得远了?在家里会有什么表现?在外面又会怎么样呢?
>
> ——梅丽尔·斯特里普,美国电影明星

家庭生活关系是内向孩子适应人际关系的训练场。在家里,孩子观察成人的交往方式,向你学习处世之道。牢固而积极的家庭关系能使内向的孩子相信,与人交往是一件值得花费精力的事。

第 7 章

家庭气质探戈

通过肯定和欣赏每个成员的舞步增进家庭和睦

孩子从来不会好好听长辈的话,但他们从不会忘记模仿他们。

——詹姆斯·鲍德温(James Baldwin),美国黑人作家

内向的孩子是家庭观念很强的一类人——他们希望同家里人保持良好的关系。可以说,一旦家庭关系有问题,他们要承担的"代价"也是最大的。他们的社交圈通常都比较小,因此更可能把注意力倾注在家庭上。我常注意到,内向的人(甚至是内向的孩子)是其所在家庭的"幕后当家",即家庭围绕旋转的秘密核心——他们的意见也最有分量。内向的人以他们自己独有的、通常是微妙的方式支持和鼓励家里人,化解家庭冲突。他们的洞察力、忠诚感和明辨是非的能力使他们成了家庭的依靠。

家庭生活关系是内向孩子适应人际关系的训练场。在家里,孩子观察成人的交往方式,向你学习处世之道。牢固而积极的家庭关系能使内向的孩子相信,与人交往是一件值得花费精力的事。

鼓励你家里的人做一下本书第 1 章第 15 页的"气质测试"。看看他

们如何看待自己的分数？他们又是怎么看待其他家庭成员的分数？这些分数是否反映了他们在家中的行为方式？评估全部家庭成员的气质是一件既有趣又有启发的事。孩子（特别是内向的孩子）能观察到和说出最令人难以置信的事……

家庭气质的范围

> 我相信，从根本上来说，人人都一样。但我们的差异让我们产生魅力、欢快，也包括惊恐。
>
> ——艾格尼丝·牛顿·凯斯（Agnes Newton Keith），美国作家

我的一个朋友兼同行——一位气质内向的心理学家，与另一位气质内向的心理学家结成了家庭。他们生了两个气质内向的女儿。我的这个朋友兰迪自嘲说，他们家最喜欢的集体外出活动是：全家人先"跋涉"到最喜欢的书店，每人挑一本书，然后草草就餐，回家，最后是坐在壁炉边看书。挺让人激动的吧？家里每个人都是内向的人，而且还有着相同的喜好，这挺少见。不过要让这一家人讨论空闲的晚上干什么，那效率显然会很高。

当人们气质相同时，他们彼此间享有一种特殊的理解。这种理解来源于他们看待世界的相同方式。这种理解也使一种可预见的、有默契且易使人产生归属感的氛围在同气质人之间形成。气质相似的孩子和家长会建立起一种特殊的情感联系。他们有协调一致的目标，交流起来也不费劲。但是，过分相似则有可能成为局限，导致缺陷的加剧或堕入到一成不变。此外，气质相似的人之间也会发生摩擦与冲突。唉，相同则相轻，有时候就是如此。

事实是，不管我们看孩子，在孩子身上看到自己，还是看到一些与我们不同的特质，这些都会拨动我们心中的琴弦。我在治疗工作中接待

过一个有三个外向孩子和一个典型内向孩子的家庭。这家人非常活跃，常外出旅游。当他们一家人走进一家新酒店或参观某个地方的时候，家里那个内向的孩子总是磨磨蹭蹭，落在大家后面。他不会到处跑，也不参与兄弟姐妹们兴高采烈的庆祝。他的父母因此断定他不喜欢这趟出游。有时候，他的家人对他感到失望，觉得他被宠坏了。他的妈妈问我："为什么他没有兴奋的样子？""为什么他不参与大家的活动？"不用说，接下来就是一段关于气质的对话。现在他们已经知道，这个内向孩子探索世界的方式不同于其他几个孩子。

此外，你还要根据孩子内向的气质调整你对养育结果的期望。记住，你和配偶的气质也会影响孩子。在与孩子（无论是内向孩子还是外向孩子）的关系当中，要注意辨别那些由气质造成的"绊脚石"。

内向的家长与内向的孩子

一个内向的家长和一个内向的孩子能分享一些简单的乐趣，如慵懒地消磨一些时光，看影碟，肩并肩坐在沙发上看书或者一起放松心情，边听雨打屋檐的声音边画画。他们很容易合拍。他们彼此了解，能珍视和分享彼此的兴趣爱好。但是，这种亲密的默契关系也有弊端。有时候，两人闷在一起，要打起精神或出趟门都有困难。生活可能就此一成不变，生活圈子也扩大不了。孩子的能力和视野也不能在不熟悉的体验中得到拓展。

一些家长回想起小时候，作为内向的孩子，他们有种被孤立的感觉。因此，他们担心自己的孩子是内向孩子，并试图去改变孩子。一个内向气质的父亲是这样描述这种心情的："我担心乔丹太像我了。我知道他把很多事儿都窝在心里。我努力想给他一个说出心里话的空间。也许我该好好督促他，让他变得更开朗些。但每次一想到这些，我就记起小时候父母给我施加压力，我却变得更加封闭。我试着让乔丹明白，内向没什么大不了的，我也知道那是什么感觉。"

单亲父母

如果一个气质内向的家长是一位单亲父亲或母亲,孩子很可能会成为父亲或母亲的同伴而不只是他/她的孩子。内向的孩子善于倾听。他们通常很聪明,也喜欢亲密的关系。然而,一旦孩子成了所谓的"家长式的孩子",问题就会随之而来。被迫过早进入成年角色的孩子没有机会享受做孩子的感觉。他们跳过了成长中的一些重要阶段。过度与父亲/母亲不分彼此地相处不但会逐渐弱化一个内向孩子的自信心,也会加重他天性的迟疑。这样的孩子在将来更不容易成熟起来,也更不容易离开家独立生活。如果他们确实离开了家并且结了婚(很多人没有结婚),他们在处理成年生活和为人父母上也会有更大的困难,其原因都在于早年的成长缺陷。如果你是一位单亲家长,你要确保营造对自己起支持作用的成人关系网络。不要跟孩子讨论过多的成人问题。鼓励你的内向孩子去结交朋友,特别是一两个他的同龄人。和你的内向孩子一同享受亲子间的动态关系,这对你们两个人来说都是最好的选择。

外向的家长与外向的孩子

外向的孩子和外向的家长喜欢不停地行动。他们玩得卖力,工作也卖力。他们享受聚光灯的照耀,他们忠于自己的群体,他们喜欢身边有人围绕,喜欢参与热烈持续的讨论和气氛融洽的辩论,喜欢获得他人的回应,喜欢成绩和奖励,他们通常都有很强的竞争意识。人们喜欢他们,他们也喜欢别人。他们让生活有了乐趣。我接待过一定数量的育有外向孩子的外向家长——他们中许多拥有迪士尼乐园的全年通卡。但是,外向的人也会行动过度,从而体验不到生活更丰富的方面。他们不太会停下来聆听自己的心声或别人的声音。如果不懂得平衡他们的外向型作风，他们会因常年的外向型行为而身心疲惫。如果家里没有人（或生活中没有什么危机）让他们慢下来，他们很容易在中年时遭遇身体或情绪的过劳问题。他们需要学习但未必能学会自省或品味生活中慢半拍的快乐。他们会期待每个人的想法和行为都像他们一样。一个由外向型家长抚养大的外向孩子可能长大以后缺乏个体意识，而过于依赖外在的赞同。

所以，对外向的家长来说，帮助他们的外向孩子锻炼内向面的能力也是非常重要的。尊重他人的差异，提高共情的能力，这样做能让孩子更善于建立亲密的人际关系。鼓励外向的孩子停下来思考，不仅可以提高决策能力，而且有助于他们关注及实现更长远的目标。建立外向孩子的内在资源库也有助于他们减轻对外在认可的需求。

内向的家长与外向的孩子

如果家长是内向的，孩子却是外向的，那就相当于家长的身边多了一只小老虎。正如杰奎琳·布维尔（Jacqueline Bouvier）所感受到的。她有两个孩子，丈夫肯尼迪是一个不安分又粗犷的人。杰奎琳与自己的内向女儿卡罗琳有很多共同点，但对外向的儿子约翰却忧心忡忡。她的很多传记作家都写道，她做了很多努力来约束儿子的冒险行为。在内向家长的眼中，他们外向的孩子过分活跃、声量大、要求多、聒噪、缺乏深度、令人难以招架。他们会觉得自己受其所迫要把更多的事情压缩在一天内完成，而这超出了他们的能力范围。此外，由于早在孩子休息之前他们就已经疲惫不堪，所以他们很难再去约束孩子。

外向的孩子喜欢处于一种活跃的状态，而一旦错过了什么又会恼怒不堪，这让内向的家长觉得自己仿佛是热锅上的蚂蚁。"你说过半个小时后我们就可以走了。到时间了吗？到点前我能做些什么？"外向孩子连珠炮似的问题让家长应接不暇，思维罢工。"停一停，我的脑子转不动了！"渴望更多安静时光和默契的家长可能会有被孩子利用的感觉：

"伊莲娜只在乎我给她提供便车和当她的公关秘书。"

反过来，如果家长内向，那么外向的孩子就可能会感觉压抑——父母能觉察到这种情绪。"我个性安静，这让我外向的女儿很失望，"一个内向的父亲坦言，"她觉得我太冷淡了。她的舞蹈比赛我都没有去看，这让她很受伤。从积极的方面来看，我信任她，听取她的想法，让她保有自己的隐私，我觉得她喜欢我这样对她。有时候，我会觉得自己不称职，想让自己变得更果敢麻利一点，就像她所希望的那样。但跟她在一起的时候，我觉得我的精力都要被她给榨干了，太可怕了。我努力掩饰我的烦躁，但有时我也会想：她这样一直说，从来就没停过吗？"

外向的家长与内向的孩子

当家长外向而孩子内向时，家长可能会怀疑孩子是否出了什么问题。"我很担心我的女儿加比，"一个11岁女孩的母亲说，"她似乎跟两三个朋友玩得很愉快，但我希望她能更受欢迎些。她一个人待着的时间太长了。我在她这么大的时候特别活跃，体育运动、俱乐部和学校的活动都去参加。我担心我这个做母亲的有什么地方做得不对。不然我就会想，是不是加比生病了，或者抑郁了，又或者她有什么像自闭症一样的更严重的问题。我希望她能多跟我谈谈。"

那些花费精力试图把自己的内向孩子变成外向孩子的家长很可能最终把自己弄得精疲力竭，这是一个注定要失败的计划。面对一个内向的孩子，一位外向的家长还可能会感到不耐烦，他会觉得孩子慢得像蜗牛一样，妨碍了他的事情。内向孩子的深度好奇心和他们棘手的提问也会让外向的家长感到不自在。因为，内向的人会固执地追问一些难题，而外向的人根本不做考虑——即那些需要反思、会唤起不适感，或者要通过研究才能作答的问题。内向孩子的追问会让外向的家长心烦或心生畏惧："没关系，别管它，你没必要知道。""为什么他就不能顺着大家的意见呢？""我们没时间停下来读那个。"

很多外向的家长在行事匆匆之中可能没有腾出时间来与孩子谈心。他们与孩子的交流方式很可能是琐碎的闲话，而这类交流没法给内向孩子提供足够的反应时间。结果是，内向的孩子会觉得父母对自己要说的话不感兴趣。外向的父母一般精力充沛，他们东奔西跑，风风火火地办事，痛痛快快地玩，他们自觉是称职的家长，他们为孩子"做"了很多事。但是，如果父母不作调整以适应他们内向孩子的步调，孩子很可能会变得情绪消沉。

外向的家长会误解孩子在作决定前对信息处理的需求。"我的天，赶快做个决定吧！"孩子滞后的情绪反应也让他们感到困惑。内向孩子慢半拍的反应对于将速度等同于聪明的外向家长来说是个烦心事。如果孩子不说明他的感受，他们可能还会有被冒犯的感觉："你在珍家里玩得不痛快，为什么你不告诉我？你有什么事从来都不跟我说。"

一个外向的家长可能会在无意中侵犯内向的孩子。他可能不敲门就闯进孩子的房间，或者当孩子还在试图适应他的存在的时刻就打断孩子的活动开始讲话。突然被从精神高度集中的状态抽离出去，内向的孩子会觉得头昏脑涨。一个外向的家长要是不了解自己孩子的这些生理特性，就会以为孩子的行为是在针对自己。在没有理解内向孩子对空间和隐私的需求之前，家长可能会有被拒绝的感觉或认为孩子不爱他。

令人遗憾的是，由于内向的孩子不能提供等量的能量刺激，一些外向的家长对自己的内向孩子的兴趣有所下降，而更偏爱外向的孩子。"罗比很有趣，我喜欢他的冲劲。""皮特动作太慢了。我都觉得自己身后拖了一袋子土豆。一天到晚我对他说的只有一句话'快一点'。"

事情也有积极的一面。正如加比的妈妈所说："我觉得她使我有松了口气的感觉，因为我为人友好，能帮助她更顺利地与人打交道。当我们一起做一些事情的时候，比如散步、吃饭、开车兜风或在花园里劳动，我们之间的交流最顺畅，我也更能忍受她的那些停顿和沉默。"

内向的家长与气质各异的孩子

抚养不同气质类型的孩子是一个不一般的考验，特别是对单亲的家长而言。你可能总是觉得左右为难，觉得自己没有能力满足两个（或多个）孩子各自的需求。找到气质外向的成人或朋友，让你的外向孩子与他们共度"外向"时光，这一点很关键。你的外向孩子需要到外面的世界探险，你要帮助他满足这方面的需求。

相比之下，你和内向孩子之间的交流可能更为轻松。对此你不必感到愧疚，你们俩之间很容易达成无言的共鸣。你的外向孩子可能会觉察到这种交流方式上的差别，好奇为什么他的兄弟或姐妹与你更投缘。他可能会觉得你沉默寡言，不太能鼓舞人。你可以在家里展开有关气质区别的讨论，这很重要。

13岁的艾莉森是一个左脑思维的外向孩子。她的妈妈和妹妹都是右脑思维、气质内向的人。她的爸爸也是气质内向的人，但像艾莉森一样惯用左脑思维。面对令人烦恼的家庭冲突，艾莉森和爸爸能更轻松地沟通。她会跟爸爸谈到妈妈和妹妹的关系有时让她有被排除在外的感觉。幸运的是，妈妈不介意艾莉森把这些烦恼告诉爸爸。为了帮助艾莉森平衡她的内向型家庭生活，父母安排她加入了足球队和女童子军，还让她跟她的朋友去郊游。此外，她还能跟她外向的外公待在一起。

外向的家长与气质各异的孩子

在一个家庭里，父母气质外向，而几个孩子有不同的气质，其中气质内向的那个孩子就会感觉自己是个"不合群的怪孩子"：动作最慢，偏爱待在家里，需要安宁清静的环境来恢复精力。如果家里人理解并认可了他的需求，事情就好办。事实上，在家庭经常性的喧闹当中，内向的孩子很可能会成为家人所依靠的"宁静小岛"。由于内向孩子在个性上趋于合作，会为家庭的和睦而操心，所以他们能成为家里的隐形裁判：他们既是听众，又能提出关于家庭生活的明智意见。总的来说，他们充当了家庭生活的方向标。

然而，如果一个家庭没有充分意识到气质的差异并认可这种差异，生长在这个家庭里的内向孩子就会感觉被孤立或忽视。无数的内向孩子都跟我谈到过，成长于外向的家庭，他们有种被排斥的感觉。他们或者被迫表现得外向，或者成为大家一致针对的对象，甚至到了沦为家庭"替罪羊"的地步。一般说来，内向的孩子会试图去适应其他的家庭成员。这很可能使他轻易成为家中被嘲弄或利用的对象。遗憾的是，我接待过的很多内向孩子都有被自己的兄弟姐妹欺负的经历，而他们的父母并没有对此进行干预。

在一个家庭中，每个孩子被以什么样的态度来对待取决于父母。不要纵容家里那些个性更强的孩子合起伙来欺负家里内向的孩子。挖掘出你的内向孩子的才能，让他向他的兄弟姐妹展示自己的才能。例如，引导他把他的某个爱好告诉家里其他的人，给家里其他人指出他的长处："好家伙！萨曼莎真是个好听众，对吧？""你注意到了达寇塔想出来的那个好主意了吗？"认可和尊重孩子在幕后维持家庭正常运转的贡献。在一个主体是外向人的家庭中，一个内向的孩子能起到平衡的作用，但大人必须要给予他帮助。

不同并非缺陷

当不同的气质类型共存于一个家庭时，相关的认识和变通是必要的。面对一个气质与你有别的孩子，你可能要学习新的技能，还可能要在照顾孩子上花更多的精力。不同意味着优势互补。在一些方面，孩子能让你感到佩服："扎克利这么活泼开朗，我就从来做不到那么合群。"或者，"瑞秋一个人捧着本书就能高高兴兴地过一天，而让我安静地坐下来待15分钟都是不可能的。"你可以借此机会从孩子的不同中学习。举个例子，如果你是一个外向的人，你可以尝试看自己是否能屏蔽掉外部世界,把注意力放在你的家庭私人场所中,努力在那里找到真正避风港的感觉。

不同的气质带给一个家庭的是平衡、丰富以及多样的视角。对此我很了解:我气质外向的丈夫会督促我出门和朝某处进发,就像我会督促他放慢生活节奏一样(至少是放慢一小会儿)。不过,不同也可能导致误解。置身一家外向的人之中,内向的孩子可能会有如鱼离水的感觉。反过来,一家子内向的人会使外向的孩子觉得自己很吵,除了蹦蹦跳跳什么都不会。"我总觉得自己声音太大了,碍手碍脚的。"一个来自内向型家庭的外向的人(如今已是一名喜剧演员)说道。

家长的挑战

无论你是何种气质,为人父母总有难处。内向的家长和外向的家长会面临的一些具体障碍分述如下。

内向家长的挑战:
- 关注很多外在的事情:孩子、工作、房子等等。
- 常常面临精力耗竭的情境。
- 面临需要照顾不止一个孩子的处境。
- 感觉自己为家庭付出得不够。
- 没有足够时间全面考虑问题。
- 需要当场做出决定。
- 把情感和认知方面的精力过多集中在了对外界的关注上,以致没有足够精力照顾自己的事情。
- 要了解极其外向的孩子。
- 要长时间地与非常健谈的孩子待在一起。

判：他们既是听众，又能提出关于家庭生活的明智意见。总的来说，他们充当了家庭生活的方向标。

然而，如果一个家庭没有充分意识到气质的差异并认可这种差异，生长在这个家庭里的内向孩子就会感觉被孤立或忽视。无数的内向孩子都跟我谈到过，成长于外向的家庭，他们有种被排斥的感觉。他们或者被迫表现得外向，或者成为大家一致针对的对象，甚至到了沦为家庭"替罪羊"的地步。一般说来，内向的孩子会试图去适应其他的家庭成员。这很可能使他们轻易成为家中被嘲弄或利用的对象。遗憾的是，我接待过的很多内向孩子都有被自己的兄弟姐妹欺负的经历，而他们的父母并没有对此进行干预。

在一个家庭中，每个孩子被以什么样的态度来对待取决于父母。不要纵容家里那些个性更强的孩子合起伙来欺负家里内向的孩子。挖掘出你的内向孩子的才能，让他向他的兄弟姐妹展示自己的才能。例如，引导他把他的某个爱好告诉家里其他的人，给家里其他人指出他的长处："好家伙！萨曼莎真是个好听众，对吧？""你注意到了达寇塔想出来的那个好主意了吗？"认可和尊重孩子在幕后维持家庭正常运转的贡献。在一个主体是外向人的家庭中，一个内向的孩子能起到平衡的作用，但大人必须要给予他帮助。

不同并非缺陷

当不同的气质类型共存于一个家庭时，相关的认识和变通是必要的。面对一个气质与你有别的孩子，你可能要学习新的技能，还可能要在照顾孩子上花更多的精力。不同意味着优势互补。在一些方面，孩子能让你感到佩服："扎克利这么活泼开朗，我就从来做不到那么合群。"或者，"瑞秋一个人捧着本书就能高高兴兴地过一天，而让我安静地坐下来待15分钟都是不可能的。"你可以借此机会从孩子的不同中学习。举个例子，如果你是一个外向的人，你可以尝试看自己是否能屏蔽掉外部世界，把注意力放在你的家庭私人场所中，努力在那里找到真正避风港的感觉。

不同的气质带给一个家庭的是平衡、丰富以及多样的视角。对此我很了解：我气质外向的丈夫会督促我出门和朝某处进发，就像我会督促他放慢生活节奏一样（至少是放慢一小会儿）。不过，不同也可能导致误解。置身一家外向的人之中，内向的孩子可能会有如鱼离水的感觉。反过来，一家子内向的人会使外向的孩子觉得自己很吵，除了蹦蹦跳跳什么都不会。"我总觉得自己声音太大了，碍手碍脚的。"一个来自内向型家庭的外向的人（如今已是一名喜剧演员）说道。

家长的挑战

无论你是何种气质，为人父母总有难处。内向的家长和外向的家长会面临的一些具体障碍分述如下。

内向家长的挑战：
- 关注很多外在的事情：孩子、工作、房子等等。
- 常常面临精力耗竭的情境。
- 面临需要照顾不止一个孩子的处境。
- 感觉自己为家庭付出得不够。
- 没有足够时间全面考虑问题。
- 需要当场做出决定。
- 把情感和认知方面的精力过多集中在了对外界的关注上，以致没有足够精力照顾自己的事情。
- 要了解极其外向的孩子。
- 要长时间地与非常健谈的孩子待在一起。

外向家长的挑战：

- 与孩子待在家时感觉被孤立。
- 需要放弃对许多外向的人有刺激作用的外在奖励。
- 担心孩子没有足够的朋友或运动。
- 过度行动——对过多的外在需求做出肯定的答复。
- 给予外人的关注大过自己的家庭。
- 在孩子说话时仔细听并保持安静。
- 了解内向孩子对休整恢复期的需求。

关键词是"享受"

> 笑是灵魂的焰火。
>
> ——乔希·比林斯（Josh Billings），美国19世纪幽默作家

个性给家庭生活增添滋味。你家庭里的每一位成员都是一份整装而至的礼物——就像我们过节时拆开的礼物一样——每个人都隐藏了亟待发现的天赋。孩子的自我认识在很大程度上来源于家人对待他们的方式。许多家庭试图用"我们都一样"这句话来建立家庭认同感，但没有一个家庭是由完全相同的人组成的。试图确定一种理想的一致性并不能促进个人的健康发展。认识到每个家庭成员的独特天分和潜在贡献，这才是重点。

快乐是最佳的持家方式之一。笑声和欢乐的集体时光既增强了家庭的凝聚力，也教会了内向的孩子与人沟通的价值。这些积极温暖的记忆是一种让人回味无穷的精神宝藏。要努力按你的内向孩子的喜好安排外出或活动。内向的孩子喜欢那些我们通常认为很成年化的去处，比如说寂静的公园、花园和自然保护区。内向的孩子爱听人讨论自己的家谱。他们喜欢拜访父亲或母亲的童年住所、翻看家里的老照片，也喜欢寻访

> **简单的快乐**
>
> 下面是一些我喜欢和家人一起做的事,看它们是否能给你和你的家庭带来启发:
>
> - 带一袋硬币到喷泉或池塘边,分给每人一些许愿的硬币。让你的孩子分一些硬币给碰巧也在那里的其他孩子。
> - 喂鸭子、喂鸟或(如果附近有农场)山羊。
> - 在你家周围的街区散步。让每个人指出附近不同的院子和房子有什么地方是让他们最欣赏的。你可能还不知道你家人的品位是如此各异。
> - 用采集的树叶、荚果和树枝装饰节日的餐桌。
> - 去钓鱼。每个孩子可以用一个一次性相机来记录旅程。
> - 开创一个家庭欢乐夜,并制作一幅拼贴画以描述具体的外出活动。

祖墓。他们喜欢那些参观起来更轻松、通常有些奇趣的小型博物馆,像古董车或飞机博物馆,他们所居城区的历史博物馆以及知名作家的故居,如杰克·伦敦的"狼屋"(现在仅剩遗迹)。他们可能喜欢探访诸如马车博物馆等历史性景点,还喜欢乘船游运河、观看起重机和推土机工作或参观大人们的艺术博物馆和展览——尤其是那些提供艺术家有声介绍的展览。

有时候,当全家人要一起外出时,他们更愿意待在家里。这也没什么大不了的。

珍惜每个人

"合作"就是"我"+"你"。

——乔治·维里蒂(George M. Verity)

- 让每个孩子一周负责一次晚餐的策划和（如果年纪够大）烹饪或协助烹饪。
- 为彼此制作纸面具。我们把这些面具装饰后挂在走廊或楼梯的侧墙上。

我接待过一些内向的人，他们现在50多岁或者60多岁，但他们都还记得小时候跟祖父/祖母一起做饭、跟妈妈一起做手工或者跟姑姑学织毛线的情形。这些生活的小片段对内向的孩子来说意义非凡——虽然你可能许多年都不自知。快乐的时光、合作的精神以及一种家庭团队的归属感充实了每个孩子的记忆。内向的孩子会把这种源于家庭的身份感像勋章一样骄傲地"佩戴"在身上。

内向的孩子喜欢被欣赏和需要。如果他们没有遭受过分严厉的对待，他们会自然而然地趋向合作——当然指的是在大部分时间里。鼓励每个家庭成员为家庭做出贡献。征求孩子的意见和建议，想方设法让他们以适合自己年龄的方式帮助解决家庭问题。所有的孩子都喜欢接受实实在在的任务，因为这会让他们觉得自己已经是大人了。叫你两三岁的内向孩子去把烘干机里的衣服取出来、用猫粮喂猫或者用抹布或鸡毛掸子打扫桌子。某个星期天的早晨，两岁大的艾米丽摇摇晃晃地把一堆早上送来的报纸拖进家里。这堆报纸的体积差不多有她人那么大，但我从来都没见她笑得那么灿烂过。让孩子在家里有发挥作用的一席之地就是告诉他："你有能力。你能做贡献。我们需要你。"

我8岁大的外孙很喜欢洗盘子时肥皂泡加热水的感觉。最近有一次他到家里来，我们忘记了把脏盘子留给他刷，他还因此生我们的气。

让孩子帮忙的方式

分配给学龄前孩子一些家务。打扫屋子、撕做沙拉用的莴苣叶子、扔垃圾、摆桌子和洗勺子。

让学龄期的内向孩子帮忙做一些更复杂的家务。做饭、叠起和分送洗好的衣服、收集脏衣服、取下床单以及自备午餐。对干得不错的事（不必完美）表示认可，并努力保证孩子体验到愉快和合作（你洗，我来弄干；你把盘子摞起来，我再把它们收走）。确保你的内向孩子在你为他选择的一些家务上有发言权，每隔几个月换一些家务让孩子做。

跟孩子讨论你目前面临的某个问题并征求他的意见。所有年龄的内向孩子都会反思他们的经历。他们是有天赋的观察者和有见地的问题解决者。对即将发生的情况，他们能做出设想，他们还能重温过往的经验。但是，要是没有人询问他们的看法，他们的洞察力将继续隐没下去。内向的孩子甚至不知道自己还有这一宝贵优势，所以，你要就日常家庭问题征求他们的看法和意见。

征求孩子意见要从幼年做起。我接待过的一个家长有一个 6 岁大的孩子叫里奥，他曾问父亲是否有什么秘方可以缓解在公众场合发言前的紧张感。父亲说："嗯，我可以把我的'烦恼石'借给你。你把它放到口袋里，什么时候你感到紧张了，就用手搓一下它，它又滑又凉，会帮你忙的。"里奥的妈妈还不知道，每当里奥必须要在大家面前发言时，他还有这么一个小花招。谨记给你的内向孩子留出思考问题的时间。接受他给你的意见（即使你不予采用）。"谢谢，我认为'烦恼石'对我会有帮助，而且它还会让我想到你。"

跟你的孩子讨论另一个孩子面临的问题并征求他的意见。我常询问我工作中接触到的气质内向的孩子或青少年：他们曾面临或仍在竭力解决的问题是什么。我还问他们，我应该对其他有同样问题的孩子或家长提出什么样的建议。比如，我会问："戴文 7 岁了。他话不太多。有什么办法能帮帮他吗？""我小时候也有这个问题，"12岁的乔恩回答，"于是爸爸和我就开始每隔一个晚上在家附近一边散步一边谈心。看来走路能帮助我说话。我现在说话没那么费劲了。"乔恩停下来思考了一下，接着又说："另一个对我有帮助的事情是，在我更小一些的时候，妈妈给我弄了一个'一个想法一分钱'的小金库。我把重要的想法、意见或问题快速记录在纸条上，然后把纸条塞进'银行'里。晚上我和妈妈聊天的时候，我可以从'银行'里取出一张纸条来讨论。这样我既不会忘记自己想过什么，也能用一个个想法让妈妈为我的'愿望'小金库一分分地存钱。""谢谢你，乔恩，"我说，"我会把你的意见告诉戴文的。"

我向17岁的特丽莎寻求一些给青春期孩子的约会意见："莎拉想去参加学校的舞会，但她没有舞伴，她也不想跟一大伙人一块儿去。你有什么建议吗？""嗯，"特丽莎回答，"我原来在学校的'舞会食品和饮料委员会'帮忙。到了舞会开始的时候，我已经认识了许多人。我们轮流负责餐台。参加一个小团体挺有意思的，我也没觉得受到了限制。我们每人轮值半小时班就可以走了。不过我们都待了下来。我知道有些女生会约她们最好的朋友去舞会。我有一个朋友约的就是她朋友的哥哥，一个斯文的大学生。这个男生没去参加自己的毕业舞会，因此他在我朋友的毕业舞会上玩得很开心。""谢谢你，"我说，"这些主意都不错，我会把你的建议告诉其他孩子的。"

分享你的人生故事

在孩子的心里播种神奇。

——托马斯·费兰（Thomas W. Phelan），美国社会学家

我们已经讨论了与你的内向孩子交谈的重要性。但是我们有时候忘记了"对"孩子说话——给他们讲述我们的人生故事，与他们分享我们

的见解和想法的重要性。下面这个例子表明了内向的孩子怎样渴望更多的了解其他内向的人的生活。

  我曾在工作中与12岁的珍妮弗频繁接触过一年时间。每当珍妮弗慢吞吞地走进我的办公室、一屁股坐在我的摇椅上时，她总是一副闷闷不乐的样子，对我给她准备的艺术用具也视而不见。她用手指挠着头发，时不时抬眼用挑衅的目光看着我。对我的每一个问题，她都用"是""不是"或者她最喜爱的"我不知道"来回答。

  珍妮弗的父母希望她能表现得像她的兄弟姐妹那么外向。"她就是懒，"她的妈妈对我说，"她什么事都不想做。"事实是，身为家里唯一气质内向的人，珍妮弗渴望与他人有更深层次的沟通，但是她戒备心很强，以至于很难让人接近。我买了些给青春期前孩子看的杂志，然后就上面的图片跟她聊了起来。我问她喜欢什么，不喜欢什么。我叫她教我使用手机。结果她教得非常出色（这绝非易事——我可是个技术盲）。她很讨人喜欢，也很友善，但我还是有一种碰壁的感觉。

  有一天，我带了一本书过来，这本书记录了一些人向自己的亲人提出的有关家庭史的问题。我从中选了两个问题来问珍妮弗，然后珍妮弗选了两个问题来问我。她的选择出乎我的意料。她问我："你的祖父母有没有给你讲过家里的任何故事吗？"我告诉她，我的祖母是怎样给我描述当年乘着斯堪的纳维亚号顶着风浪从丹麦横渡来到美国的。她仔细地听我说，然后又问了些问题。接下来，她告诉我，她小时候喜欢读劳拉·英格斯·怀尔德的书。我们俩之间于是有了真正的交流，某种微妙的变化发生了。

  为了让寡言少语的内向孩子敞开心扉，很多父母错误地以为让孩子开口才最为关键。他们试图把信息一点一点地从孩子那里挤出来，像挤牙膏似的。但交流是双向的。内向的孩子往往需要的是向对方提问而不是别人向他们提问。问别人问题能够让他们走出自己的内心世界，走进别人的人生体验，因为别人的生活让她好奇。此外，听别人讲故事能使孩子的自信心得到增强，让他开口说话时感觉更自在。

成年人是"锚"

> 对一段关系的最强测试，是看双方能否意见分歧却仍双手相牵。
> ——亚历桑德拉·彭尼（Alexandra Penney），美国作家

一个健全的家庭，就像一个合理规划的花园，应该遵循一些基本的设计原理。其中一项原理是：每个花园都有一个"锚"（轴心），即确保所有不同元素和谐相处的重心。家庭关系遵照的是相应的心理方面的设计原理。无数的研究表明，父母关系在家庭中起着给予家庭稳定性的"锚"的作用。

父母间关系的紧密程度是其他家庭关系建立的基础。孩子以父母为榜样学习与人和睦相处，学习关心他人的行为、相互尊重以及解决问题。如今，家庭组成方式有许多类型，但一个不变的事实是，不是谁和谁组建了家庭，而是父母如何对待彼此奠定了孩子学习沟通的基础。所有的人际关系都会出现分歧，但正是这些分歧的处理方式教会了孩子该如何珍视家庭。

通过安排夜晚外出约会和周末的二人世界来保持你们成年人之间的健康关系。珍惜你们共度的生活片段——谈论孩子所做的趣事，分享工作时听到的笑话或者只是单纯地享受单独相处的瞬间。记住，长期的感情关系有晴有阴。维系一段关系的关键在于以尊重开放的态度和幽默感对待分歧。而且，你们在处理分歧时也不必避开其他家庭成员。父母就分歧的协商给孩子提供了一个很好的学习榜样。内向的孩子对冲突很警觉。看到父母既能正视矛盾，又能享受彼此的陪伴，这会让孩子迅速找

领养的孩子

没有什么比领养孩子更能揭示基因的力量了。被领养的孩子常在气质上与他们的新家庭成员存在差异。正因为如此，特别关注你养子/女的个性特质非常重要。有意思的是，养父母往往更容易对不同的气质表现出欣赏。内向孩子的生身父母可能会为孩子的内向天性感到惭愧或内疚，养父母则一般来说不会觉得孩子的气质是他们的责任。一个我工作中接触到的气质外向的母亲对我说："如果丹是我亲生的，我可能就会觉得他不爱说话是我造成的。但是因为他是我收养的，所以我感觉他天生个性就那样。我的亲生女儿就非常外向。"

在一次针对分开抚养的同卵双胞胎的研究中，研究人员找到一个成长于有教授背景家庭的孩子，这个孩子酷爱读书。研究人员又寻找到了这个孩子的孪生姐妹，发现后者也是个孜孜不倦的读者。

回安全感。

牢固的伴侣关系构建了一座跨越气质差异、坚固但有柔韧性的桥。家里的所有气质类型都有其存在空间。你和伴侣代表了性格连续体上的两个不同的点，即使你们两人都气质内向或气质外向，你们在个性上也会有所差异。对比你的其他孩子，你的内向孩子或许对你和伴侣的行为方式更为关注。内向的孩子会仔细观察父母如何相处，他们还会留意到微妙的交流信号。在家观察到的人际关系技巧将对他们有潜移默化的影响，进而成为他们内在的一部分。往后，他们会把这些技巧整理打包、随身携带以服务他们自己的社会生活。这是你能赠予他们的极好的礼物。

意外的是，后面这个孩子成长的家庭本身对阅读没什么兴趣，所以她爱读书完全出于自己的意愿。上小学时，这个孩子会转三趟公共汽车前往所在城区的图书总馆。

在领养孩子的时候，一些养父母对孩子有特定的设想：他们期待这个孩子能填补他们所觉察到的家庭空缺。这样的父母可能会在领养的孩子气质与原本期望的有差异时对孩子感到失望。你的孩子的兴趣和天赋有迹可循，请留意那些线索。

能量不匹配是领养家庭的常见问题。一个外向孩子的外向/开朗个性和旺盛精力会让其内向的养父母吃一惊。这时，你应当找到同样也喜欢活动个不停的精力充沛的朋友或亲属配合他们。一个我认识的爱滑雪的家庭领养了一个爱居家的孩子。现在，每当这家人要朝滑雪的山区进发时，他们就让孩子跟祖父母待着享受一个闲适的周末。

离婚的家庭

我们害怕那些让我们表现出差异的东西。

——安·莱丝（Anne Rice），美国作家

离婚，即使长期看对父母有益，对孩子来说都是一件压力极大的事情。父母的离异会让孩子的整个世界摇摇欲坠，就像一场大地震一样，毕竟，这是他们唯一知道的世界。内向孩子的茁壮成长得益于既熟悉又无须耗费太多精力的家庭作息规律。即使在存在着诸如忽视、虐待、成瘾行为和暴力的家庭，一个内向孩子在父母离异时所感到的那种分崩离

析的感觉还是会胜过他在冲突结束时所感受到的解脱感。分离和离婚给孩子的安全感带来冲击。适应新的家庭格局需要花费大量的精力。

同时，处于离婚阶段的父母心事较重、精神紧张且通常脾气暴躁。内向的孩子能意识到这种紧张氛围。他们会因此变得情绪低落，或者断定家里发生的任何问题都是自己的过错。在煤矿开采当中，人们曾经使用金丝雀来警示某些人类感官无法察觉的危险气体。内向的孩子就像矿井里的金丝雀一样。早在家里其他人意识到有问题之前，他们就觉察到了那些尚未明确表现出来的问题。面对家庭剧变，一个内向的孩子可能不会有明显的反应，或者他的反应来得比较迟，但是有一点可以保证：他一定会有反应。

在离婚的情况下给予孩子稳定感：

- 不要让你的内向孩子被迫夹在你和配偶之间——他认同你们两人的感受，而且他忠于你们两人。
- 要理解内向的孩子反应较慢，他们需要时间处理变化。
- 在与前夫/妻的争执中表现得高姿态些——你的内向孩子长大后会因此而尊重你。
- 与孩子讨论离婚这件事（在适合的年龄段），并确保孩子不会认为父母离异是他的错。
- 询问孩子的感受和烦恼，确定问题所在："你晚上到爸爸那儿时我们可以通个电话。"
- 尽量保持每天正常的生活规律。
- 因为内向的孩子喜欢待在家里，所以在两个家之间来去会给他们造成压力。
- 用带有卡通贴图（针对年纪较小的内向孩子）或附有便条（针对年纪较大的内向孩子）的日历来为孩子标明近期的安排，包括旅行、学校活动、预约就诊以及其他一些父母双方都应该掌握的信息。

- 告诉孩子，虽然你知道他希望父母能复合，但是这种情况不会发生。
- 不要叫你的内向孩子监视你的前夫/妻或替你对抗你的前夫/妻。
- 提醒孩子，每个人早晚都会适应变化，一切都会好起来。

内向的孩子非常重视家庭生活。一个和谐的家庭环境表现为家庭成员间相互认可，并且欣赏彼此的差异。一个和谐的家庭是你内向孩子的避风港，在孩子迈向一个更广阔的外部世界时，一个和谐的家庭也为他提供了稳定的情感基础。

> **本章重点**
>
> ◎ 内向的孩子重视家庭关系。
> ◎ 处理气质的匹配问题能锻炼人的重要能力。
> ◎ 应对家中的所有气质表示认可和欣赏。

第 8 章

改善兄弟姐妹的关系

鼓励理解、明确界限及缓解竞争

一株植物要想充分展露它的独特天性，它必须先长在能让它生根发芽的土壤里。

——荣格

从很多方面来说，兄弟姐妹的关系都是社会关系的缩影。通过处理兄弟姐妹之间的关系，内向的孩子将学会应对社会交往的挑战，同时收获其中的益处。对气质很有了解的家长在平时的家长工作中能帮助营造一个兼容不同气质的家庭环境，从而使收益大过冲突。

兄弟姐妹不和时

我们大多数人都有这样的期待——常不顾我们自身的经验——兄弟姐妹就应该相亲相爱和睦相处。而研究结果却显示，事实常常不是这样。实际上，只有很小比例的同胞将他们之间的亲密关系保持至成年阶段。当然，除了气质以外，还有其他很多因素导致了这种情况的出现。不过，气质的影响显得尤为突出：气质影响了同胞之间的交流方式、他们在一起玩的程度、他们对个人空间的需求以及他们如何看待彼此。

学会从气质的角度看待孩子有助于你做出现实的期待——这也能使你成为一名更有效的调停者。把注意力引向每个孩子的优点，以此来帮助孩子理解和欣赏自己和他人的气质。尝试轻松活泼的协调方法："嗨！内特，给你介绍一下你的妹妹朱迪斯。她喜欢马，喜欢读朱尼·B.琼斯的书。朱迪斯，这是你的哥哥内特。他喜欢棒球和超人。我在想，接下来的一个小时，你们俩能找到什么都喜欢的东西玩一会儿呢？玩披斗篷的马怎么样？"所谓"披斗篷的马"只是随便一说，但我真正想要表达的是，保持一个中立的态度将是非常有帮助的。不要参与孩子的冲突从而成为另一个斗架的"小孩"，我总看到有父母这么做。鼓励你的孩子们寻找共同的观点和看法，实际上，这一点并不难。

教会外向的孩子如何以尊重的态度邀请他的内向妹妹或弟弟一起玩至关重要。提醒你的外向孩子，内向孩子就像深海潜水员一样。他们一头扎进自己大脑的最深处，沉醉在那片"水域"之中。他们需要几分钟的时间来回到空气当中，否则就会不适应。他们可能需要一些时间从一个人玩过渡到两个人玩。教你的外向孩子这么问："过一会儿我们一起玩儿好吗？"或者，"写完作业以后，我们一起玩球好吗？"帮助外向的孩子认识到，他需要放慢自己的速度以适应姐姐的节奏，而不是冲进姐姐的房间吓她一跳，这样姐姐才更可能同他玩耍。同样，如果总有许多好点子的外向孩子偶尔学着征求他的内向姐姐的意见，问她等会儿想玩什么，他找到玩伴的机会也会更大。建议你的外向孩子请求他的内向姐姐教给他一些她的兴趣和爱好。给外向的孩子解释，内向的孩子需要休息的时间。此外，确定开始和结束的时间也会起到帮助作用。

与外向的孩子相比，内向的孩子在一起玩的时间不能太长。内向孩子通常会喜欢兄弟姐妹们率直活跃的个性——但玩也是有限度的，一次只能玩一小会儿。在他们一起玩的时候，你可能需要介入其间，以确保内向的孩子不会因为跟他的兄弟姐妹过多相处而感到精疲力竭。我见过有些家长期望他们的孩子能"每时每刻"在一起玩——接着还要共享一个房间。

鼓励你的外向孩子发泄一下过剩的精力，比如可以进行一些室外活动或者在屋里投掷碰碰球。然后再帮他学着享受平静的时光。你可以建议他在家人的一旁读书、听音乐或者画画儿。一个人待在房间时，他可能需要把门敞开着。给他帮助，慢慢引导他享受单独的空间和独处的时光，比如可以每隔几天让他单独待一刻钟，之后再逐渐把时间延长。这样做可以帮他建立起一种习惯，从而使他在今后的人生中能享受到独处的益处。

提醒外向的孩子注意，内向的孩子有个人隐私的需求。外向的孩子应该懂得，如果他的姐姐正专心地看一本书，研究一个问题或从事一项爱好，她就可能不会理会别人，你要让你的外向孩子认识到，姐姐的这种反应并不是针对他的。

利用外向面的能力

对你的内向孩子解释，外向的孩子在周围有人活动的时候就像充了电一样精神振奋。鼓励内向的孩子把他外向的兄弟姐妹敏捷的语言能力化为己用。如果他正要对付一个令人讨厌、爱戏弄人的同学，他就可以问问他气质外向的兄弟姐妹该怎么反击。外向的哥哥可以帮他检验一下他反驳的力度。外向的孩子一般喜欢担任家庭的小侦察员。他们喜欢成为第一个坐到圣诞老人膝上的孩子，因此他们可以带领他们内向的兄弟姐妹前往新的地方，譬如万圣节的鬼屋，或者，等他们长到青少年时，他们能充当每次探险的开路先锋。此外，外向的孩子还是很好的"代言人"。他们能时不时地帮他们内向的兄弟姐妹说出想说的话，比如要向商店返还东西或者请求大人帮忙。

邀请你的外向孩子的好朋友到你家来玩，让你的内向孩子自己决定是否加入进去。给你的外向孩子安排独自一人玩的时间，以此来锻炼和发展他享受独处的能力。仔细观察孩子们的互动。比如,在没有外向的孩子在身边的情况下,两个内向的孩子可能会一起静悄悄地玩。一般说来,外向的孩子喜欢一群人在一起闹哄哄地玩,他们还经常开别人的玩笑。父母要帮忙把孩子们玩时的吵闹声控制在中等适度水平,以防内向的孩子感到吃不消而退出游戏,或者心情变糟。

明确界限

> 某些天赋只在我们独自一人时才能开启。
> ——安·莫罗·林白（Anne Morrow Lindbergh），飞行英雄林白的夫人,作家

家有内向孩子的好处之一是他能使我们明白尊重他人私人空间的必要性。内向的孩子在很多事情上都能迁就——但这绝不包括他们的个人领地。他们需要,甚至要求一个熟悉、不会消耗掉他们大量精力、刺激相对较少的所在。

在如今的很多家庭中,界限的缺乏常让我感到震惊。一个我咨询中遇到的内向孩子说:"妈妈会冷不丁地闯进我的房间,她从不敲门,让我怎么也放松不下来。"在很多家庭,大人和孩子在进入别人房间前会理所当然地不敲门。此外,如果一个孩子正在学习,其他人也没有被要求保持安静。一个我工作中接触到的内向孩子告诉我说,很多次,她的双胞胎姐姐问也不问就穿走她的鞋子。为了不引起争吵,她不敢表达自己的意见——但是她讨厌这样的行为。父母可能会对这种行为一笑了之,但了解内向孩子心里是怎么想的非常重要。如果孩子觉得他任何事都不能做主,他可能会变得消极,或者完全把自己封闭起来。

在家庭中明确界限有助于每个人都获得安全感。你需要表明,你期待每个人都尊重他人的私人物品和空间。做法是要求大家共同遵守一些规定,如进屋前先敲门,不擅自拿他人的物品和不干扰他人的学习或工

作。这一做法本身就能减少很多兄弟姐妹间的争斗。当孩子们有了家庭界限带来的安全感的时候，他们之间的关系就能更为融洽，孩子也会去学着如何在外面的世界表现得更好。

内向的孩子需要整理心绪和恢复精力的私人空间，父母可以在这方面帮一些忙。给孩子一个标志牌挂在门上，上面写着："充电中！"如果孩子没有自己独立的房间，就让他不时使用你的房间，或者为他另寻一处舒适隐蔽的地方。在疲惫、紧张或饥饿的情况下，他很可能需要在他的"减压舱"待更长时间。如果外向的孩子一再出现在他的面前，事情就不好办了。

确保孩子们理解那些基于气质的需求。爱在自己房间里待着的内向孩子常让他们外向的兄弟姐妹感到很失落。他们还可能觉得受伤或被排斥，觉得他不愿意搭理自己。一旦他们认识到，内向孩子的反应不过是他们身体的一种需求，他们就不会再觉得是针对他们了。你还可以告诉外向的孩子说，当内向的孩子放松下来的时候，他会更愿意和兄弟姐妹一起玩。

竞争与不满

照料花园的秘籍：挤在一起长不好。

——佚名

一些由气质不同而导致的问题往往被人们所忽视，比如竞争、支配、顺从和嫉妒。我们生活在一个"相互撕咬"的社会当中，人们期望孩子是外向的、勇于竞争的。在某些场合，比如说在运动场上，竞争是有建设意义的，体育运动就是疏导敌意的健康方式。但是，在广泛的竞争性视角下，人会把他人都视为对手。竞争把人们分割开来，同时宣扬一种"人人为己"的态度。竞争否定了一种实际上能促进互爱的人际关系的认识——这是我们共同的生活。

我认为，健康的竞争永远是跟自己的竞争，而不是跟他人的竞争。外部竞争的目标是"做最好"或是取胜。作为行动的动力，它给你带来的总是沮丧，因为总有人比你更强。然而，内在的竞争却在你自己的掌控之中。内在竞争指向的是你自己已有的成绩。这样的竞争对你有鼓励作用，因为你为提高自己的能力而挑战自己，这一点是可以实现的。一个人——无论是孩子还是成人——总能不断地学习和进步。内在竞争基于稳固的自尊，同时又能提升个人自尊。

兄弟姐妹之间的竞争有可能造成破坏性的结果。从某种程度上说，这类竞争自然会发生，但如果父母拿孩子们来作比较或者造成孩子的对立就不是很应该。如果父母心里想着一个理想中的孩子，以至于弄得家里的每个孩子都努力想变成那个样子，那么每个孩子都会感觉自己不达标。此外，如果一个孩子不知从何处得来这么一个想法，即他是家里最优秀的孩子，那么为了保持这一地位，他就会承受很大的压力。这对内向的孩子是非常有害的，因为内向的孩子往往对自己要求苛刻。

迫使内向的孩子像别的孩子那样行动是绝对不应该的。由于内向孩子总认为问题是自己造成的，所以他们通常会认为自己应该做得更好或者成为比他们本身更优秀的人。由于外界压力要他们与外向的标准看齐，这很可能已经让他们有了自卑感。如果再要他们跟自己的兄弟姐妹竞争，他们就可能不堪重负，变得自暴自弃，或者固执己见。相反，应该指出每个孩子的优点，不要期待所有的孩子都是一个样。鼓励合作，鼓励发展对构建满意的成年生活有关键意义的品质，包括宽容大方、乐于助人、细腻的情感、幽默感、适应性和关心他人。孩子不仅受你的影响，而且你对他的影响程度可能超过你的想象，所以用你的影响力去肯定和培养孩子的先天优势吧。

充分发挥内向孩子的优势

正如那些分别以鸟类、动物和人为对象的气质研究所表明的，外向型气质倾向于强势，内向型气质倾向于服从；外向型气质更好斗，内向型气质更抗拒争斗。在家庭的安全氛围中，所有气质类型的孩子都能学着扬长避短。例如，左脑思维的外向孩子倾向于把看世界看成非对即错或非黑即白。我们所有人都知道，如此简单的事几乎从来没有过。这样的孩子常有挫败感，常责怪他人。但是，要是这种"全有或全无"的观点能缓和下来，让微妙的灰色地带得以显现，且孩子的进取心也指向正确，这一气质可以逐渐发展成卓越的领导才能。你可以肯定孩子对他所拥有的领导能力的积极使用，比如说，一个外向的孩子可以利用自己的这种天赋去引导大家。"詹姆斯，你想出了这么多好主意。我明白为什么孩子们都愿意跟着你了。我很高兴你能带领他们去参与那些有意思的活动。"

对于内向孩子低调的领导能力，你也要予以肯定。除非在不得已的情况下，内向孩子大多不会表现出他们影响他人的显著能力。研究表明，内向的孩子（即便还处在学前阶段）倾向于寻求解决冲突的方案，而外向的孩子则倾向于以争吵赢得冲突。指出你的内向孩子那些含蓄的天赋："瑞贝卡，我知道你不喜欢在人多的时候说话，但我注意到，在扎克和萨姆吵架的时候，你说了话。你想到了一个好办法让他们每个人都各得所需。好样的！你的建议让所有的人都恢复了平静。"很多内向的人主管大型企业——只是你很少听说他们而已。

争吵终结者

对我们来说，不同是力量的来源——只要别用它来对付我们。

——珍·贝克·米勒（Jean Baker Miller），心理学家

谨记，你的内向孩子希望家庭给予他们温暖。家是他的加油站，是他的避风港。在冲突发生时要早作干预，以便促进兄弟姐妹和睦相处。太过紧张的氛围让所有孩子都感到负累，内向孩子尤其如此，因为他们对周围的气氛高度敏感。就算鸡毛蒜皮的小事（比如有关晚餐吃什么的争执）也有升级的可能。考虑到每个孩子的偏好……偶尔也把你自己的喜好纳入其中："好的，麦克斯。我们今晚吃比萨，但是明天我们吃鸡肉。"内向的孩子因此会有参与的感觉而不会感到被遗忘或被忽视。此外，他们还学到了重要的一课，即他们可以大声说出自己的想法，讨论他们的需求。

对所有孩子来说，他们最有安全感的时候就是他们知道你在管着这个家并在决定家庭规则。特别是内向的孩子，可预知的家庭环境让他们感觉最安心，冲突在这种家庭环境中被合理且公平地解决。追求和谐并不意味着掩盖问题或期待烦恼凭空消失，也不是建议你走到另一个极端，即做出激烈的反应以制止同胞间的冲突。总的来说，对比内向的孩子，外向的孩子因为自我约束能力较差而需要更多的规矩和更严格的要求。对内向的孩子，你则可以放宽约束，因为过多的规矩和限制有可能会给他们造成终身的困扰。跟孩子讨论这些不同之处，以避免外向的孩子感到委屈。

由于内向的孩子适应性强且倾向于回避冲突，所以他们在维护自己的利益方面可能表现得比较勉强。说实话，对他们来说，这么做太费劲了。如果你看到你的内向孩子坚持维护自己的立场，你就要对他的这种做法予以表扬。"马特，在朱莉想要你的糖时，我很高兴你对她说了不。做得好！"但是，有时候你也有必要主动介入。如果你的内向孩子有一个霸道的哥哥或姐姐，他就可能只是一味地迁就他们："哦，没关系。我不介意再看一遍《脱线先生》。"这时候，全靠家长出面说话以鼓励公平："我注意到皮特一般都会支持你选的电影，所以这一次该轮到他选了。""今天轮到布莱特选电影了，而且从现在开始，大家轮流选电影。"

嫉妒

> 嫉妒是另一种赞美。
>
> ——约翰·盖伊（John Gay），英国剧作家

许多内向的孩子觉得自己应该成为外向的孩子。他们可能嫉妒自己外向的兄弟姐妹有那么多的朋友，"似乎一切得来全不费工夫"。一个内向的孩子可能会觉察到父母和亲属更偏爱外向的孩子。作为对他的帮助，你应当让他知道，对自己的兄弟姐妹心存嫉妒是正常的。外向的孩子更活泼开朗些，所以他们更容易与朋友或亲属沟通。告诉他，你能理解为什么他希望做事不要这么费劲——而像他的兄弟姐妹一样轻轻松松。提醒他，他也能很轻松地完成某些事情。内向的孩子可能没有认识到他们自身的强项。跟他谈一谈，什么事在他的兄弟姐妹眼中是困难的。他的哥哥或姐姐也会为难，

气质与双胞胎

双胞胎的两人气质不一定相同。人们会很自然地把一对双胞胎拿来作比较，也很容易对他们有所臆测。但是，不要刻意让孩子扮演固定的角色，这一点很重要。这种倾向会在父母迫使一对双胞胎过多相处时被强化，好像成为双胞兄弟/姐妹的对立面才能让一个孩子感受到自己的个体性，或者，一个家庭会在下意识当中鼓励一对双胞胎孩子发展相反的个性特征。双胞胎们因此很快就被贴上了标签：布丽安娜勤奋好学，而贝芬妮总是活蹦乱跳。

平衡地给予孩子回应，以免使他们各自走向不同的极端。如果一对双胞胎中的一个孩子有些内向，那么不要让另一个外向的孩子

但有时不那么容易看出来。你可以给孩子讲述，在你小时候，你从你的兄弟姐妹或其他关系密切的人那里看到了什么，所以你理解他的感受。

反过来，许多外向的孩子嫉妒他们内向的兄弟姐妹从不惹麻烦。我最近才跟一个12岁的外向孩子谈过。他说他认为父母对他不公平。我能理解他为什么这么想——他比他的内向兄弟惹的麻烦多。在谈话的时候，我告诉他，他可以选择自己的行为。有好几次都是他自身的决定导致他违反纪律。如果他不想如此经常麻烦缠身，他可以作一些别的决定。这是对嫉妒心的积极使用——这么做能让我们的决定更明智。

检查一下自己，以确保你和你的伴侣对家里每个孩子的表现都分别给予了赞赏——这是将"红眼病"降至最低水平的最可靠办法。

过多地替他说话或者总在表现上压过他。指出那个内向孩子的优点。比如说："好家伙！杰里米，你真的让杰克安静下来了，你在这方面很擅长嘛。"一对双胞胎孩子不应该时时刻刻形影不离。否则，一对内向的双胞胎会变得过于不分彼此，或者过度依赖对方，他们需要拥有各自的玩伴以及发展自己的兴趣、能力和个性。父母需要与双胞胎的每一个孩子建立单独的关系。可分别带双胞胎中的一个去外面跑差事或者一起出去玩，享受一段"只有我俩"的时光。帮助你的内向孩子扩大和发展他自己的偏好和兴趣。

这样，内向的孩子就会知道，如果他们决定要花费所需的额外精力去表明和坚持他们的立场，身后会有人支持。此外，更强势的外向孩子也会学到重要的一课——倾听他人、妥协和协商。

内向的孩子不得不就空间和精力的分配跟他们的兄弟姐妹协商，这可能会让他们感觉心烦意乱。但是，学会了化解同胞间的分歧，孩子由此获得的人际技巧将会使他们在人际关系上受益终身。

> **本章重点**
>
> ◎ 作好兄弟姐妹间可能会发生气质冲突的准备。
> ◎ 鼓励家里的所有人从每个孩子的优点中学习。
> ◎ 绝不允许家里的一个孩子取笑、骚扰或伤害另一个孩子。

第 9 章

延伸的家庭树

培养与祖父母、其他家庭成员、朋友和看护人员的亲密关系

如果你有知识,请允许别人用你的知识来把他们的蜡烛点亮。

——玛格丽特·福勒(Margaret Fuller),美国记者,女权先驱

与自己大家庭的成员保持亲密关系会给孩子充实的感觉——这一点适用于所有的孩子,尤其是家庭观念重、用心经营持久情感关系的内向孩子。稳定的情感关系(包括孩子与祖父祖母、叔叔姑姑、教父教母和父母密友的关系)带给孩子的是无负担的关爱,是一种位置感和家庭联系感,此外它还给予孩子了解其他时代和人生的途径。在优秀的育儿类作品《触点》一书中,巴里·布雷泽尔顿医学博士论述道,孩子会为两代人之间情感关系的缺失所造成的不菲代埋单。布雷泽尔顿建议我们珍视一个大家庭所带来的家庭传统和持续感。内向的孩子可能在成长过程中有被忽略的感觉,在如今这个张扬的文化当中,很多孩子觉得自己是个局外人。

祖父母的赠予

> 凡事都有定期。
>
> ——《圣经·传道书》第3章第1节

许多年以前，我曾就与祖父母的关系采访过30位气质内向的成年人。在采访过程中，我很快就发现了一个现象，即内向的人借由与祖父母的关系（不论这种关系是好还是坏）来扩展自己的生活视野。正如前面所述，研究表明，内向的孩子更能理解和欣赏不同。我采访的大多数人都谈到，他们的祖父母在品位、兴趣和交流方式上表现各异，而他们不仅认识到了这些差异的价值，也从中学到了很多。例如，我采访到的一个艺术家玛西亚对我说了下面的话：

"我祖母喜欢红花洋蔷薇。她自己种了一些。她用这种花装饰她的整个房子，一直到地板的图案都是如此。我自己也很喜欢这种花。天热的时候，我时常躺在她家朝阳的那间屋子的地板上，感觉凉凉的。房间的底色是蓝色，在阳光下闪着光，上面布满了硕大的洋蔷薇花，有粉色的，也有苹果红的。除了我和祖母以外，我家里再也没有人欣赏它们绚烂的花瓣了。我的哥哥姐姐还逗我说，干脆把整个房间都用蔷薇花来装饰得了。"

对玛西亚来说，她与祖母的这种情感联系极为重要。她觉得自己与家里的其他人不同，而她的祖母允许她做自己。现在，她是家里唯一的艺术家。她温馨的房间也确实装点了一簇簇红的、粉的洋蔷薇花。

事情其实不必如此。与特别的亲戚朋友保持良好的关系能让你的孩子觉得自己的存在受到肯定。当孩子在人生的风浪中颠簸着成长时，这些特别的亲属或朋友为孩子提供了暂泊的港湾。他们既可以给孩子讲述家里的故事，又可以帮助孩子更全面地了解自己的父母，还可以向孩子表明，生活的方式不止一种，而是多种。

长辈们织锦般的丰富人生让内向的孩子感到着迷。在精神状态良好的时候，祖父祖母（为了简要起见，也因为祖孙关系往往是比较特殊的一对关系，我在这一章中重点探讨祖孙关系。但是我谈到的许多方面也适用于其他亲密的家庭关系和朋友关系。）能跟孩子说说家史，分享他们的爱好、独特的兴趣和学习经验。内向的孩子就像海绵一样渴望吸收各种各样的信息。他们能从祖父母的人生经历、智慧和学问当中学到有价值的东西。无论祖父母属于哪种气质类型，与孙辈分享自己的经历和特长都能让他们保持一颗年轻的心。通过与孙辈的互动，祖父祖母能够以一个崭新的角度看待自己，能够欣赏和发掘他们自身气质的新的方面。

气质不同的祖父母长处不同，因此给孩子提供的成长经验也不相同。让我们一起来看看这些不同吧。

气质内向的祖父母——提供"呼吸空间"

最重要的是，我们从生活中学到了什么。

——多丽丝·莱辛，2007年诺贝尔文学奖获得者

生活中，气质内向的祖父母为气质内向的孩子提供了呼吸的空间。年长的一辈人一般都比较有耐心，他们常常能打理许多忙碌的父母所无暇顾及的事情，用时下青少年的流行语来说，他们很"淡定"。这些品质不仅对内向的孩子有莫大的帮助，也给了外向的孩子很好的锻炼机会。祖父或祖母的陪伴让内向的孩子有回到避风港的感觉。老人们喜欢更舒缓的生活节奏，他们珍视生活中的小幸福，一般比较通情达理、和蔼可亲。内向的祖父母也许没有意识到，他们自己是孩子学习的好榜样。

你可以鼓励内向的祖父母与孩子分享他们的兴趣爱好——或任何他们愿意与孩子分享的东西。我的一个女儿原来就喜欢和她的爷爷奶奶一起在园子里干活,一边和他们一起浇水除草,一边听他们讲故事或者讨论他们遇到的问题。如果你的父母没什么事情能与孩子分享,你就开门见山地把孩子的兴趣爱好告诉他们。"艾蒂喜欢美人鱼,你能带她到图书馆去找一些美人鱼的故事书吗?她肯定会喜欢的。"

内向的祖父母可以给内向的孩子提供一个美妙开放的造梦空间,让他们的想象在其中自由驰骋。

最近,我和我内向的外孙克里斯托弗吃了顿午饭。我们在就餐过程中好好地想了想"小牙仙"住哪儿的问题。克里斯托弗才换第二颗牙,所以他对这个话题很上心。我们的结论是,他的"小牙仙"与成千上万的"小牙仙"一起住在"仙之境"。此外,我们还一致认为,要这么多的小仙子绝对是有必要的。毕竟,她们要负责全世界所有国家的所有孩子的所有牙齿的更换。克里斯托弗很好奇,小牙仙是怎么在他没察觉的情况下悄悄地把他放在枕头下的牙取走,再把钱塞到他的枕头下面的?一番想象之后,他总结道,也许小牙仙拥有某种特殊的能力,她轻轻地说一声"噗",牙齿就出来了;再说一声"噗",钱币就溜进去了。

我们花了几个小时,作了各种假设,最后得出了一个让我们俩都满意的关于小牙仙的故事。这种静下心来思考的时间在如今已经非常难得。在家周围散散步、观察蚂蚁的活动、留心落叶的颜色、品味玫瑰的芬芳、跟邻居打声招呼、欣赏别人家房子的装饰——这些都是能让内向孩子的心灵得到充实的美好体验。

内向祖父母的强项:
- 理解内向孩子的精力需求。
- 一次全心关注一个孩子。
- 帮助孩子重视他自己的内心世界。

- 鼓励孩子探索自己的兴趣。
- 喜欢有深度的谈话。
- 与孩子一起作决定,并给孩子充分的考虑时间。

气质外向的祖父母——坚毅乐观

如果人们不是把休闲时间都花在休闲活动上,他们就会有更多的休闲时间。

——佩格·布兰肯(Peg Bracken),美国畅销书作家

外向的人大多都爱跟别人聊天——任何人,甚至是陌生人。他们就像社交世界里的"耐寒性多年生植物"。与人交流时,他们游刃有余。然而,由于外向的人过度依赖外部世界,所以他们对所察觉到的排斥更为敏感。作为祖父母,外向的人可能难以理解孩子的气质各有不同,因此可能觉得自己内向的外孙/外孙女对自己有些排斥。

琼是一位来找我咨询的祖母,她最近刚添了一个小外孙女,名字叫卡琳。有一天,琼对我说:"卡琳不喜欢我。"我问她是什么让她有了这个想法。她说:"卡琳扭过头去不愿看我。"这在我看来其实表明了卡琳正处在婴儿期的"陌生人焦虑"阶段。"我能理解你为什么这么想,可那是8个月孩子的正常表现,"我告诉她,"这不过表示卡琳已经与她的父母建立了健康的情感联系。她认出你不是她的父母。这是好现象,不是针对你,不用太放在心上。这个阶段很快就会过去。"后来,卡琳表露出了一些内向的气质迹象。久而久之,琼学会了放松她的期待,而等着卡琳自发地向她靠近。她不再把孩子躲在爸爸妈妈身后的行为看成是孩子对她的情感反应。随着年龄的增长,卡琳也渐渐地学会了欣赏琼的热情和她追求趣味的个性。

内向孩子无疑会欣赏他们外向的祖父母的想法、活力和热情。内向

孩子愿意去了解祖父母的生活，愿意跟他们一起去冒险——只要别太过度。内向的祖父母能教外向的孩子放慢节奏去观察事物，外向的祖父母则可能认为，所有的人都应当喜欢同一种生活方式。你可以向他们解释，让他们知道你的孩子有不一样的兴趣。对他而言，绕着湖边漫步、喂鸭子可能最有吸引力。如果一个外向的祖母想带她内向的外孙到外面玩上一圈，你可以建议她选一个祖孙两人都感兴趣的活动——因为很多外向的祖父母都会在事先没有了解孩子兴趣的情况下就做出选择。一个找我咨询的气质外向的祖父曾带他气质内向的外孙去海上看鲸鱼，他事先没有向孩子的父母询问孩子是否会晕船。结果呢？干脆这么说吧，这孩子再也不上船了。

外向型祖父母的强项：
- 能想到很多好玩的事情来做。
- 热情而友善。
- 自然而率直。
- 能长时间地看管多个孩子。
- 欣赏外向孩子的胆量和活力。
- 会表露内心的热情和爱，会称赞别人。

建立稳固的跨代情感

我喜欢他们的家。一切都散发着昔日的气息；东西虽然用旧了，但让人有安全感；食物的味道早已渗入了家具。

——苏珊·斯塔丝伯格（Susan Strasberg），美国演员

出于各种原因，有些祖父母不愿意与他们的孙辈发展关系。也许在把自己的孩子带大成人的过程中，他们跟麻烦的女婿或媳妇打过交道，

原谅你的父母

有时候,父母是孩子和祖父母之间建立牢固情感关系的障碍。导致这一情况的原因有许多种。看到自己的父母做祖父母时比做父母时更优秀,这可能会引起不快。我见过有些成年人对此一直耿耿于怀,他们没有认识到父母是有缺点的,他们一味为自己童年的缺憾而感到委屈,而不能接受父母现在的样子。

如果你的父母不是极度自私、精神有疾患(且没有就医)、酗酒(且没有戒酒)或是其他方面的严重的心理创伤,你就要尝试原谅他们过往的错误。我们中很多人都有不如意的父母:让人失望的、在压力下不堪重负的、不知所措的、对抚养孩子一知半解的父母。你应当尝试着释放过去的伤痛,认识到你的父母也会有所成长,然后把这份宽容的礼物送给你的孩子们。当你的孩子们成家,有了自己的孩子后,他们会记得你做出的这个榜样。

我还观察到一种情况,就是父母会嫉妒孩子与祖父母或其他亲戚的感情。这一点尤为可悲。随着孩子的成长,这种嫉妒最终会伤害到父母自己与孩子的感情。在我的咨询工作中,有多个孩子告诉过我,他们的父母不让他们与祖父母或其他亲戚发展感情,他们至今对此还心有怨念。在孩子幼小的时候就能够把他和其他亲戚"分享"是一种很好的做法,因为孩子毕竟只是"借"来的:随着他长大,你将需要越来越多地与他人"分享"他的存在。祖父母及其他人为孩子提供了特别的学习榜样,也给了孩子付出更多爱的机会。你的孩子会为此而感谢你的。

因此不想再重蹈覆辙;也许他们心存犹豫,害怕或担心负起这样的责任;也许他们认为过去的家庭冲突还在持续,或者他们不确定自己的存在是被需要的或是重要的;再或者,他们只是在时下的各种新式装置的包围下失去了安全感。即使外孙外孙女加起来已经有了四个,我和我丈夫还是搞不懂怎么把那架新式婴儿推车打开，然后再折回去。一些祖父母可能要先获得子女的许可才能与他们的孙子辈发展亲密的关系。

直到现在，一个孩子与外界的接触一般还是由他的母亲把关。所以，爷爷奶奶接触孩子的机会可能不如外公外婆多。如果孩子的奶奶对自己儿子的生活干预过多，有时候就会导致家庭领地方面的问题，随之而来的是，对于孩子与爷爷奶奶的接触，媳妇就会表现得没那么大方了。而继亲家庭只会让这一类的问题更加复杂。

有一位母亲叫凯琳，她找我咨询的时候心里很难过，因为她自己的母亲突然不愿意帮她看管她的三个孩子了。我鼓励凯琳去跟她的母亲心平气和地谈谈，问问为什么。凯琳的母亲告诉她，与两个内向的外孙在一起时，她感觉自信和稳妥；但只要她那个"人见愁"的外向外孙杰克一出现，她就感到心慌，觉得情况失去控制。她担心自己没有能力管他，怕他可能因此而受伤。听了这番话，凯琳不再难过了。现在，凯琳和丈夫只在她的父亲能当帮手的情况下将孩子留给母亲照看。他们还做出安排，以使每个孩子与外婆单独相处的时间更多。这样一来，凯琳母亲和她的外孙们的感情也日益加深。

以下是一些巩固跨代情感的方法：
- 认识到，孩子拥有受关爱的人际关系是好事，这种关系越多越好。
- 告诉你的父母，你对他们理解孩子的努力表示感激。
- 如果你抚养孩子的方式与你的父母不同，让他们知道，情况已经和从前他们为人父母的时候有了改变；告诉他们，你相信他们有学习新抚养方式的能力。
- 向你的父母阐述气质的概念，特别是把它和你的内向孩子联系起来。让他们明白，他们的关爱和关注对你的内向孩子来说有多么重要。鼓励他们做一下本书第15页的"气质小测试"，随后鼓励他们和大家分享他们认为气质是如何影响他们的生活的。

- 向他们解释，内向的孩子在身边有陌生人或者在集体中的时候会有不一样的反应。你可以跟父母讨论，你的内向孩子可能会在他们那里寻求哪些东西来让自己感到放松。
- 鼓励你的孩子给他的祖父母寄贺卡、发邮件和寄送自己制作的小工艺品。
- 一定要对孩子的礼物表示肯定："安迪很喜欢你送给他的书。"
- 保持持续的联系。

摇一摇，长得好

> 改变的关键……是释放恐惧。
>
> ——罗珊·卡许（Rosanne Cash），美国演员

园艺肥料品牌"奇迹生长"（Miracle-Gro）下有一个产品叫"摇一摇，持续释放植物养料"。《南方生活》杂志给这个产品打出的广告语是"摇一摇，长得好"。该产品建议施肥时把养料摇落到花木上——然后你瞧，它们长得多好！这个广告语对祖父母也很适用。

有时候即使老人们很有智慧，你也要教给他们一些新鲜的东西。如果你孩子的祖父母或其他亲戚期望所有的孩子都活泼开朗、乐于融入集体生活——总的来说就是行为举止都像地地道道的外向孩子，你就要告诉他们，以下三种方式才能让他们接近内向的孩子：放松、阅读和沟通。我将在下文详细解释。

最近，我才在工作中与艾伦和丹沟通过。他们的孩子萨拉5岁，是个内向的孩子，特别聪明，也非常敏感。丹的父母期待所有的外孙外孙女都有差不多的表现：他们都该爱说话，遇到有人跟他们打招呼的时候主动献吻，喜欢热闹的家庭聚会，大口大口地把他们盘子里的东西吃干净，收到礼物后高兴得蹦起来。但事实上，聚会上的那些喧闹、亲吻

拉近距离

现在，大多数孩子（少数幸运儿除外）都住得离祖父母很远。不过，尽管有地理距离的存在，只要花费一番心力，祖孙间的感情还是可以维持的。我有个朋友，他十几岁的孙女住在另一个城市。他们几乎每天都要通电邮。我的朋友帮助他那个害羞的内向孙女克服令人苦恼的社交障碍。对大多数内向的孩子而言，与身居异地的祖父母交流是一件极有乐趣的事。身为家长的你可以帮助远在异地的家庭成员不被疏远，下面是一些具体的做法：

- 尝试"话题接龙"。祖父可以把他的一些随想写到信里或日记里寄给外孙。外孙接过话题，在这种类似"接龙"的信里或日记里写下自己的评论、问题或回答，再把它回寄给祖父。这种互动式的日记和笔谈是祖孙间持久关系的记录。
- 给收入固定的年长亲属一张预付的电话卡。
- 当亲戚来访时，跟他们一起下厨（烹饪或烘烤食品）并记下配方做法。下次你再做同一道菜的时候，跟他们通个电话。
- 使用"蜗牛信"，即传统邮件。它还是很管用的，每个人都期待收到邮递的信。
- 常发邮件，把好邮件归档，以便日后重温；拍些数码照片，用电邮把它们发出去。

和与人应酬的压力却很让萨拉吃不消。到祖父母家拜访的时候，她常常会情绪低落。丹的父亲责怪丹和艾伦，用他们的话来说，萨拉被"闷坏了"。

丹和艾伦跟丹的父母谈了一下，请求他们放松对孩子的期待，把想法放开，认识到不是所有孩子都是一样的，就像花儿一样，孩子也有不同的类型。他们能不能摒弃对萨拉的最初期待？因为内向的她是不可能变成另一个人的。艾伦和丹还给父母阐述了一些科学发现，解释了为什么内向是天生的，以及体现在什么方面。一旦祖父母能把每个外孙外孙女都看成是一颗有独立个性的小种子，每个小家伙就都能从中受益。

丹和艾伦努力帮助丹的父母读懂萨拉。她一副呆呆的神情是不是说明受刺激过度了？她会变得暴躁易怒吗？或者变得沉默寡言？她的精力是不是有所下降？是活动过多了吗？他们注意到她是怎样慢慢适应新体验、怎样试探着接触新事物的吗？如果他们开始问自己这些问题，就表明了他们正在学着读懂萨拉，并且准备与她沟通。

与孙辈沟通并不仅仅意味着交谈，更意味着提高灵活变通的能力以适应孩子。如果孩子已经疲惫不已，就不要再增加刺激了（即使你等了一整天，就想给他示范一个特别的游戏）。一定要给他休息的时间。不要期待你和孩子在集体环境下的交流能达到你们在私下交流的程度。如果你采取一些微妙的方式向孩子表示肯定，如挥挥手、眨眨眼或点点头，孩子就会有更积极的回应。稍后，你能找一个小角落以方便你们两人单独聊天。

站好父母这班岗

> 一个经历过两难处境的人明白的事是一个没经历过的人的六七十倍。
>
> ——马克·吐温

保护孩子是父母的首要任务。我们要像哨兵一样，对任何可能伤害到孩子的事时刻保持警惕。我们有些人自己小时候没有受到足够的保护，由于没有学习到相关技巧，我们也可能不大懂得怎样去保护自己的孩子。或者，我们可能矫枉过正，对孩子保护过度。内向的孩子特别需要人生路上有人给他们站岗放哨，这既是鼓励，又是安全的保证。

当我们为了孩子而与我们的父母有争辩时，我们就跨出了从青年到成年的一大步。在心理学上，这一现象被称为"心理分化"。打个比

大型家庭聚会上的内向孩子

在节日里或有特殊庆祝意义的大型家庭聚会上,我们每个人都会感受到压力,但内向的孩子尤其如此。所有的刺激和关注都会把他们搞得无精打采。为了让事情进行得更加顺利,你可以采用下面这些诀窍:

- 聚会前,向主要家庭成员说明,你的孩子性格内向,可能看上去不太亲切,这种表现是生理决定的,并不是针对谁。
- 因为孩子的精力多少直接影响了他应付社交活动的能力,所以一定要保证孩子在聚会前休息好,并且没有饥饿感。
- 随着内向的孩子渐渐长大,鼓励他们用招手、点头或微笑的方式融入人群——他们可以晚些再与人交谈。
- 内向的孩子可能在周围人少的时候更健谈,所以让他们去寻找可以交流的小群体。在一大群人当中,他们可能说话不多,即使那些人他们都认识。
- 努力为孩子创造呼吸的空间。近距离的身体接触会使他们感到疲惫。
- 预先告知你家里的人,在孩子自己没有表示愿意之前,不要期待他的亲吻和拥抱。
- 不要催促孩子在大伙儿面前把收到的礼物拆开。他们可能喜欢在人少的时候拆礼物。

方说,这就好比一手拽住牛尾巴,一手抓住牛犄角,非常困难,所以很多人总是做不到,因为可能要面对被牛角戳伤的恐惧。但是,我们每个人都需要站起来捍卫自己的信念,并让我们在心理上独立于我们的父母。这么做,我们才能成为真正意义上的成年人。实现这一点的途径通常是:我们为了保护自己的孩子而对父母说"不"。出人意料的是,对父母说"不"反而常常能让我们以更放松的心态去欣赏和体会父母的价值。

在很多情况下，家规（明说和不明说的）对内向的孩子都不适用。这些命令比如，"你必须把你的东西吃干净，你必须给埃德娜姑姑一个再见的吻（你压根儿就和她没那么亲），你必须和你一年都没见的表哥表姐一起玩，你必须在大伙面前拆开收到的礼物并表现出兴奋。"你可能倾向于遵守别人的规则——如果它们是合理的且不会造成你的不便，但是家规有时是有害的。

米尔特是我在咨询工作中遇到的一位家长。他自幼生长在一个信奉"把你盘子里的东西打扫干净"的家庭。米尔特没觉得这个规矩有什么问题。小时候吃东西，他会吃得直到把盘子舔得锃亮。但是，他的内向女儿希尔维却是个挑食的人。她在自己家里吃饭就够挑食的，而在大家庭的聚会上，她的表现更是变本加厉——矛盾就这样产生了。在一次感恩节聚会的时候，希尔维的平平食欲把米尔特的父亲弄得非常恼火。他责令希尔维，不把她盘子里的东西吃干净，她就不能离开餐桌。

眼见自己的父亲和女儿双方都不肯让步，米尔特深吸一口气，然后决定去阻止父亲，换句话说，拽住父亲进攻的"牛犄角"。他对父亲说："你家里的大多数规矩我们还是愿意遵守的，但是很抱歉，'把盘子打扫干净'这一条对希尔维不管用。她不需要把她盘子里的食物吃干净。"顿时，整个餐桌突然鸦雀无声。父亲的怒火往上蹿——这头牛在呼哧呼哧地喘着粗气：从来没有人敢在这条规矩上对他发难。米尔特对希尔维说她可以离开餐桌了。祖父生着闷气——牛蹄子刨地，但始终没有冲过来。米尔特的父亲此后一直也没有正面谈起过这次冲突，但是他再也没有命令过希尔维吃光她盘子里的食物。

这件小风波让希尔维感受到了爸爸对她的呵护。她很吃惊爸爸会为了她和祖父顶撞。不过，她也松了一口气，因为她再也不用把那些油腻腻的辣肉馅全部吃掉了。另外她也明白，就算她不喜欢，在祖父家，她还是要遵守祖父家的一些规矩的。至于米尔特的妻子，她为丈夫的挺身而出暗自叫好。她认为，看到爸爸站出来维护自己女儿的利益——这对希尔维来说是件好事。在她今后的人生当中，爸爸树立的这个榜样很可能会极大地帮助到她。由于安然渡过这场家庭"斗牛场"上的考验，米尔特也感到自己更加独立和成熟。

内向的孩子和孩子的看护人

正像家人一样，看护人也可以与内向的孩子建立起牢固而有价值的情感联系。一个好的看护人能成为一个可以信赖的朋友，能给家庭提供一个看待问题的不同视角，所以不要随便找一个人来照顾你的孩子。内向的孩子对他们周围的成年人尤其敏感。他们需要一个合适的人来照顾。为了找到一个既稳妥又可靠、既灵活又周到的人或托儿所来照看孩子，多花点时间和精力是值得的。

理想情况下，3岁以下的内向孩子应该交由一个稳重、有爱心又关心他人的人来照看，而且这个人不能火气大、神经质和没有耐心。如果可能的话，她还应该把孩子放在家里照看。这既减轻了孩子的压力，也减少了你的工作量。如果你没有这个条件，那你一定要保证你选的看护人在同一个时间段内只负责照顾少数几个性情内敛的孩子。

很多找我咨询的家长都找那些脾气好、性格好、自己生养过孩子但孩子已经长大离家的中年妇女当保姆。这些中年妇女们通常做事灵活，而且喜欢做那些诸如接送孩子上学、跑杂事和陪学龄段的内向孩子玩耍的事。你也可以找一个与你的孩子合得来的内向孩子，你可以和这个孩子的家长分担一个保姆的费用。一个正在学习儿童发展学（包括儿童心理、教育或其他相关学科）的大学生或学前儿童辅导人员也有可能成为内向孩子的临时好保姆。

与你请的托儿所的老师谈谈你的孩子的气质，这么做很有效果。这么一番谈话可以省却许多在对待孩子问题上"错了再试"的麻烦。你可以明确说明，你的孩子可能不那么好交际，他在特别忙碌后可能需要时间休息以恢复精力。你请的看护人对气质的了解越多，她就能越好地理解你的孩子。你甚至可以把本书第15页的"气质小测试"印一份送给她。重视气质的影响对一个看护人的帮助不仅是让她更懂得照顾你的孩子，也是让她更懂得照顾其余她负责照看的孩子。

对话和语言能力开发

3岁以前是孩子语言能力发育的黄金时期。我认为，孩子的看护人能流利地使用孩子的母语是非常有必要的。虽说雇一个说其他语言（如西班牙语）的看护人有助于孩子掌握双语，但是你不会愿意为此牺牲孩子的母语能力吧。如果你的孩子的第一语言与看护人不同，请务必保证这个看护人没有很重的口音，否则这会干扰内向孩子的语言发育（内向的孩子以慢速听觉回路占主导，浓重的口音会使解读变得困难）。

向你请的看护人说明，她有义务和孩子多交流。我见过很多看护人不常与孩子交流的例子。正如我们前文所说的，内向的孩子需要对话。

纪 律

谈一谈你希望如何处理那些棘手的情况，比如说对孩子违反纪律的处罚。对你所谈到的孩子的情况，注意看护人的接受程度如何。你需要一个认可孩子兴趣的看护人，不允许打孩子、对孩子大声嚷嚷或者欺骗孩子。如果孩子的某些行为需要被限制，你可以私下跟孩子的看护人讨论一些行为的准则，以达到以温和手段给孩子设限的目的。

社会交往机会

在孩子初学走路的时候，如果他愿意，给他和他的保姆报个学音乐、学形体或学艺术的班。但是，务必使保姆明白：报这个班的目的既在于让她有机会与孩子进行开心的、内容丰富的互动，又在于帮助孩子摇摇晃晃地跨出社交生活的几小步。以前我带着我的外孙女去上学步期幼儿课时，班里的大人除了我以外都是保姆。她们大多数人都不太专心对待各自该管的孩子，只把课堂当成了她们自己的社交场所。学步期的孩子需要大量的成人监督才能学习慢慢攀登社会生活的阶梯。

事事还需留意

很抱歉地说，我也同样推荐在保姆不知情的情况下安装号称"保姆摄像头"的隐蔽式摄像机——每天观看一小段录像以弄清你的保姆是怎样跟孩子交流的。事实是，长期照顾一个未成年人不是所有人都能胜任的事情。此外，你需要确定你的保姆会为孩子着想，会考虑什么对孩子最好。照看一个即使还挺让人省心的婴儿或学步期的幼儿就可能会让一些成年人脾气大作，尤其当这个成年人正感到疲惫或身体不适的时候。由于你的孩子可能还没大到可以告诉你他是否遭到了恶劣的对待，所以隐藏的摄像机是一种很好的安全保障。另一种监督方式是你时不时地不期而至，或是叫一个亲戚朋友不打招呼直接去看看孩子。

保持联系

向你的孩子保证，即便你有时不能陪在他的身边，你也一直在想着他。白天的时候，跟孩子保持联系，给他打个电话。等他长大些后，给他留字条或发邮件。

过渡阶段

对内向孩子来说，清晨与你道别可能是一件不容易的事情（内向的孩子常在耗费精力的过渡阶段出现情绪低落）。出门前，你要给他充分的提示，让他做好准备，同时尝试建立一个他可以依靠的惯例。你可能还需要确定一个说再见的"习惯做法"（减轻孩子焦虑感的常见做法）。一个对孩子来说又简短又有趣的做法可以是："再见！上拍拍！"（你把双手举高拍一下），然后是："再见！下拍拍！"（双手放低拍一下）。至

> **警示信号**
>
> 要常常询问你的孩子与其看护人相处的感觉如何。当他向你倾诉的时候,仔细留意是否有任何迹象暗示了可能有问题存在。如果孩子向你抱怨他的看护人,就要注意了。到了看护人身边,如果孩子的情绪突然变得不稳定,或者表现得有敌意,或者孩子不愿意去托儿所,就要立即对孩子的托管环境展开调查。如果孩子抱怨的是一些身体上的不适,如肚子不舒服,又或者他的饮食或睡眠习惯突然改变,而他的其他方面却没有变,就要检查看护人员的工作。

于见面,让保姆在你快到家前几分钟提醒一下孩子,以使孩子调整好心态迎接你归来。见到你之后,孩子可能不会表现得有多么高兴,但原因在于突然的转变让他感到吃不消。务必放心:他见到你是很高兴的。

后备方案

列一张单子,写下两三个紧急情况时的看护人,以防孩子生病、你请的看护人请病假或其他一些不可预料的紧急情况的发生。等你的孩子足够懂事了,让他知道你有一个"后备方案"。告诉他一旦有需要时,谁会是他的代理保姆。这能减轻他的焦虑感。这样的成年看护人至少要有两个,她们住在孩子学校附近,或者住在孩子的看护人家附近,并在那里存放孩子的病历资料和医疗授权书,以防紧急或意外情况发生时,你和配偶无法立刻赶到孩子身边。

夜里外出

如果你晚上要外出,务必保证你的孩子认识你请来的临时保姆。如果可能的话,当你在家的时候,让保姆来家里拜访几次,以后再把孩子和保姆单独留在家里。让孩子对你的外出有所准备，并提前通知他，你会把他留给哪位亲戚或保姆带——给他时间考虑他可能会有的需要。把你的电话号码给他，再给他留一张晚安条。作为特别鼓励，你也可以让他睡你的床，或者允许他和保姆一起在客厅里搭个帐篷，让父母的外出之夜也成为孩子的特别之夜。提醒孩子你晚一点就会回来，如果有什么紧急状况，可以打电话给你。你也要认识到，他也可能会享受短暂离开你的感觉。

儿童看护人代表了另一类能与你的孩子建立有意义的信任关系的成年人，与孩子的祖父或你们家的朋友有很多近似之处。最好的情况是，你会因为孩子被照顾得很好而备感安心，而且，孩子不仅有了自信，他对这个世界也有了更多的认识。

本章重点

◎ 鼓励内向的孩子在自己的大家庭里交朋友。
◎ 气质内向和外向的亲戚都能使孩子的世界变得更大。
◎ 热心和善解人意的看护人员对内向孩子来说至关重要。

第四部分
挖掘潜质

> 如果一条路没有任何险阻,那么它很可能是条死路。
>
> ——弗兰克·卡普拉(Frank Capra),美国导演

孩子需要认真考虑即将来临的事情，储备精力，然后把注意力切换到外部世界。他对未来的事情了解得越多，他的精力消耗就越小。如果你不帮他准备，他就可能会把精力花在为未来担忧上面。

第 10 章

课堂上的内向孩子

> 一旦了解了内向孩子的最佳学习方式,你就能帮助他畅游学海
>
> 当我们考虑一个新想法时,结果往往会与开始的想法颇为不同。
>
> ——奥利弗·温德尔·霍姆斯(Oliver Wendell Holmes),美国诗人

茱莉安的妈妈不知道自己的孩子怎么了。在上幼儿园和小学一年级的时候,茱莉安很喜欢上学,可是一到二年级,她就不喜欢上学了,成绩也大不如前。每天回家,茱莉安的作业本上总是盖着哭脸印章,而不是往常的笑脸印章。上床后,想到第二天还要去学校,她就蜷在被窝里小声哭泣。她告诉妈妈说:"我讨厌那些哭脸。"妈妈找到茱莉安的老师詹女士。詹女士认为茱莉安应该留一级,这让茱莉安的妈妈大吃一惊。茱莉安一年级的成绩那么好,为什么还要重读呢?詹女士认为茱莉安的反应有点慢,因为她从不积极参加课堂讨论,常常不清楚老师留的作业是什么,总是问来问去。因为作业做得慢,她也常常在下课后被老师留在教室里。听到这些,茱莉安的妈妈一摇三晃地走出了教室。

这是现实生活当中一个活生生的例子。问题的一边是一个内向的孩

子,另一边是一个对学生的表现有着固执期望的教师。在新学期当中,詹女士为班级带来了她引以为豪的全新理念。她非常注重速度,认为话只需要讲一遍。如果孩子一下子没听明白,那就是她没有用心听。詹女士非常严厉,讲话还带着一种让人理解起来比较困难的口音。这样看来,茱莉安先前的老师应当更适合她。

  茱莉安的妈妈和我开始寻找对策。学校不愿意把茱莉安调到二年级的其他班级,所以茱莉安的妈妈请詹老师为茱莉安在班上找了一个同学来帮她,茱莉安可以向他询问有关老师布置的任务和作业。詹老师的助教也发挥了很好的作用,她更有亲和力,也更关心每个学生的需要。茱莉安的妈妈也告诉了茱莉安,她的大脑是怎样工作的,以及为什么她需要花比别人更多的时间来仔细考虑事情。茱莉安的妈妈不断鼓励她做自己力所能及的事情,同时也让她意识到,即使做错了也没有关系。这个7岁的孩子艰难地适应着校园的生活。她的妈妈和我看在眼里,急在心上。即便有了帮助,茱莉安也常常灰心丧气,不愿意去上学。她觉得她自己做什么都慢。她和她的妈妈在日历上做标记,一起计算着熬到暑假的日子。等到那天到来的时候,茱莉安已经出现了肚子痛的毛病,眼睛也变成了两只黑圈圈。

  在暑假中,茱莉安重新恢复了活力,然而随着三年级的临近,她又变得焦虑不安起来。茱莉安的妈妈打听到有一位她觉得比较适合茱莉安的教三年级的老师,但学校并不保证茱莉安能进入那个班。后来,茱莉安终于还是幸运地进去了,我们也长长地舒了一口气。那位性情温和的老师懂得,并不是所有孩子的思维方式都是一样的。在新班级度过大约六周以后,茱莉安对她的妈妈说:"我开始喜欢上学了。"

内向孩子的优势与劣势

  对任何一个孩子来说,学校都是充满了困难与挑战的地方。但是,内向孩子在课堂上遭遇的境况尤其艰难。首先，只是进入外部世界和关注外部事物就会让他们消耗掉很多精力。这让他们总是处在自己不熟悉的"地带"，因此很难有上佳的表现。典型的教室环境吵吵嚷嚷、非常杂乱，而且人很多，基本没有自己的空间，这会让内向的孩子精疲力竭。在这样的环境下，内向的孩子很难去认真听讲，尤其当老师讲话快或者有口音的时候。还有一个最大的难题，就是内向的孩子在学校常常得不到足够的时间和空间来放松身心，补充精力。

其次，在学校，内向的孩子总是被外界逼迫着快速地写作业、回答问题和完成任务，那里的评价标准是快速完成任务和参加定时测验的能力。而且，他们还得经常面对一些不愿意面对的事情，比如当着全班同学的面发言、学着吸收他人的看法和观点、处理外界的干扰、适应话题的频繁转换以及和同组的同学一起讨论问题、完成任务。除此之外，课堂上的内向孩子还容易遭到老师的忽视，因为老师的目光总是被那些调皮捣蛋的孩子牵着走。

老师，尤其是外向的老师，他们常常会错误地判断内向孩子的行为和能力。由于内向的孩子在表达自己的时候需要花更多的时间，所以如果他们感觉到不舒服，他们就可能拒绝回答老师的问题。在时间或其他

大脑前叶的重要性

不要忘了，内向孩子的脑神经网络可以让他们直接调动位于大脑前叶的执行区域，那里能综合并产生复杂的想法和概念。随着内向孩子的生长和发育，他们的思想、情感和过往经历都在渐渐地融为一体，这使他们能够运用复杂的思维功能。大脑前叶还控制着判断、社会和道德行为、创造力等功能，尤其是我们最伟大的天赋之一——读心术，或者叫心智直观（mindsight），它是了解他人想法和意图的能力，是最为复杂的情绪智能。

方面的压力下，内向的孩子有可能表现得不够活泼、主动。结果是，他们看上去有可能显得兴趣索然，或者缺乏主动性，而他们真正的感觉却被隐藏了起来。我曾经提到，内向孩子的听觉反应是比较缓慢的，他们可能无法迅速理解老师的意图，所以会显得有些迟缓，进而被认为不够聪明、跟不上、不好学，或者太笨、太孤僻、不合群，只会问一些"作业是什么""老师刚才说了什么"等等的问题。

以上只是内向孩子可能遇到的问题，而大多数的内向孩子都是非常喜欢学习的，而且老师也常常能发现他们的优势并给予鼓励。我就是这样的一个例子，而且很多内向的人告诉我说，他们也有类似的体会。有的老师很喜欢内向的孩子，因为他们能谈论一些比较复杂的话题。这些孩子表现出的敏锐的观察力和洞察力也让这些老师颇为珍视。内向的孩子甚至会成为某些老师的"宠儿"，他们能协助老师做一些事情，课堂上也比较听话，有的甚至会主动给老师当"小跟班儿"。我的外孙曾经非常喜欢他一年级和三年级的老师，现在又遇到麦克唐纳老师，我那外孙每天念叨个没完，我女儿听得耳朵都起茧了。许多内向的孩子发现他们非常喜欢自己的老师，因为与其他同学相比，老师和自己的共同点要更多些。确实，一般来说，许多内向的孩子更喜欢和大人说话，而不是跟同龄人交流。只要对内向孩子的世界稍一留神，许多外向的老师就会被他们牢牢地吸引住。

尽管要消耗很多的精力，但许多内向的孩子还是喜欢学校这个知识的海洋，他们喜欢学习。为了让自己在学校里过得更加愉快，有的内向孩子会想办法保存自己的精力。他们往往会在校园里寻找相对安静的场所来恢复"元气"。如果图书馆足够安静，他们就会把那里作为午休的场所。我曾经接触过的一个内向孩子会在休息的时候到幼儿班去为一位小朋友读一小时的故事，而另一个孩子会在午休的间歇去找校医聊天。我的一个女儿在中学时常常利用休息时间到当地的小学去给教手工课的老师帮忙。

内向孩子的学习方式

> 我想,在孩子的成长过程中,过去的经历、当下发生的事情和未来会出现的情况都是彼此联系在一起的。
>
> ——弗雷德·罗杰斯(Fred Rogers),美国电视明星

一个孩子是内向还是外向会在很大程度上决定他学习的方式。外向孩子的观念来自大脑后叶的外部世界的经历,而内向的孩子从大脑前叶的内心想法和感受当中获得认识。学习是一个复杂的过程,它使大脑的不同区域快速地连续激活。从某种程度上说,学习就好比驾着过山车在大脑的各部分迅疾穿梭。让我们来看看,内向孩子和外向孩子的学习过程究竟有怎样的不同。

内向的孩子喜欢接触他们感兴趣的东西。他们以一种下意识的缓慢方式从自己的身体和大脑获取信息。他们的大脑从长时记忆里提取信息,然后在大脑前叶中与过去和现在作大量的关联和比对。当他们晚上睡觉做梦的时候,白天的记忆被整合并储存到大脑当中。经过一夜的处理,他们的大脑将形成更加复杂的知觉。这时,各种想法汇集起来,直至形成自己的想法或行动的计划。内向的孩子需要时间和鼓励来向他人展示自己内心的学识。为了扩展他们的认识,他们也需要把想法付诸实践。

外向的孩子喜欢接触新奇的东西。外部的感官信息通过显意识的快速回路涌入他们的大脑。这些信息与过往的经历相比对,识别出好或者不好,然后在大脑后叶产生一个快速的知觉。他们可能会迅速地做出决定或行动,比如讲话、书写或者基于这些很有限的信息改变观点。信息在短时记忆里快进快出,同一时刻只能记忆大约七件事物,而且容易忘记。为了扩展他们的认识,你需要帮他们停下来深入思考,让他们更多地运用大脑前叶来产生更复杂的知觉、计划和行动。

我们可以把良好的教学方式视为提高脑力和学习力的艺术。大脑天

生就是用来学习的。反过来，学习也必将重塑大脑的结构。当知识得到扩充的同时，神经元之间的脑神经连接也随之增多。首先，大脑会建立家庭和外界环境的基本经验，然后，新信息与这些基本经验相联系，结果建立起一组复杂的脑神经联系，同时也学习了新的知识，成为大脑全部认知的一部分。

内向的孩子善于通过联系来学习，他们的天赋就是在不同的点之间建立连接。老师提供给他们的新信息进一步帮助他们把大脑中不同的信息点连接起来。之后，当他们再次把新信息置于自己的个人经历当中的时候，一幅更加全景的信息图像就可以呈现出来了。

詹老师没有仔细考虑茱莉安在一年级都学了些什么，所以茱莉安很难把她所教的新知识跟自己已有的信息点联系起来。这些新信息是支离破碎的，无法让茱莉安看到一个整体的信息画面。连接信息点意味着要让茱莉安看到事物之间的联系。比如"学算术能让我学会数钱"，或者"学科学能教会我种向日葵"。内向孩子的大脑中储存有很多的内部信息点，就像数不清的随时可以连接成神经网络同时掌握新知识的小钩子一样，但他们也需要有条理地接收信息，这样才能更有效地连接这些信息点。

在上课的时候，老师应当以有趣、注重动手实践的方式来教授知识，这样才能更有效地刺激内向孩子的大脑，取得更好的学习效果。比如，一则生动的故事能够让情感、认知、意义、记忆（过往经历）等所有大脑区域连接起来，而死记硬背并不利于新知识的掌握和创造力的发挥。真正有效的学习需要调动大脑的各个部分，它不是简单的接收和装填信息，而是一个非常复杂的过程：接收信息，让信息通过内向孩子的复杂的神经回路到达大脑执行区域，然后获得知识。

什么样的学习环境更适合内向的孩子？

内向的孩子需要更多的时间和空间，也需要按照他们自身的节奏来

学习。内向的孩子从自身内部获得能量、满足和安全感,所以他们需要一个有序、安静的教学环境。在那里,老师在一段时间内只讲授同一内容,而且每一内容都会详细讲述,充分讨论。内向孩子表达注意力的方式是坐着一动不动(不是需要他们这样做,而是他们在认真听讲中以这样的方式来保存体力)。他们坐在那里盯着老师看,常常面无表情(仍然是为了保存体力)。有时,他们也会看别的地方,或者低头往下看(为了帮助自己更好地处理信息)。嘈杂、纷乱的环境会分散他们的注意力。

内向的孩子需要宽松和包容的环境。当他们被提问时,他们常常想不起来要说些什么,但这并不意味着他们不知道,他们只是需要适当的引导。在没有压力的情况下,他们会主动把答案呈现出来。如果环境既宽松又包容,他们对问题的详尽回答甚至会语惊四座。比如四年级的乔纳森,有一天他们在学习飞机的历史,他突然举手要回答问题。结果,这个一向沉默的孩子出人意外地抛出了一段鸿篇大论。"你知道他们造了 100 架 B-1B 式轰炸机吗?这些飞机是静悄悄的杀手。它们飞的时候离地面很近,雷达根本发现不了。它们的机身是流线型的,可以在飞的时候把翅膀收起来。但是有四架飞机掉下来了,因为有鸟钻到发动机里去了。现在他们已经把这个问题解决了,所以它们又去参加伊拉克战争了。"接下来是一阵目瞪口呆,随后老师又问了他更多的关于 B-1B 式轰炸机的事情。

内向的孩子喜欢清静,他们需要对自己的处所和物品有拥有感。与他人共用某一场所、设施会使他们觉得受到了侵犯。有些学校的学生共用课桌,这会让内向的孩子消耗很多精力,同时分散他们的注意力。在这一方面,10 岁的托尼非常有代表性,只要有人看着他,他就无法读书。只要感到有人在关注他,他就会完全丧失思考的能力!我接触过一些老师,他们给内向的孩子提供了足够的空间,结果那些孩子的表现有了明显的提升。

如何为内向的孩子选择学校

你能给孩子的最好礼物，除了好习惯，就是美好的回忆。

——西德尼·哈里斯(Sydney J. Harris)，美国著名记者

内向的孩子需要安静、宽松、温暖、充满鼓励的教学氛围。我接触过不少内向的成年人，他们从前的教育环境是竞争性的，要求是苛刻的，规则是僵化的，态度是严厉的，感觉是不被尊重的。置身于那种气氛，内向的孩子很可能不再喜欢学习。他们不仅成绩落到后面，而且更为悲哀的是，他们会认为自己没有别的孩子聪明。他们需要老师喜欢学生的学校（可惜现实往往不是这样），需要把学生视做独立个体的学校。他们需要尊重他们各自的学习方式并因材施教的老师，需要安静、整洁有序、不用一个固定标准衡量孩子的课堂。对内向的孩子来说，人数较少的小班要更适合一些。如果有老师愿意走进内向孩子的内心世界，愿意给他留出空间和思考的时间（这是内向孩子的大脑所需要的），他们就是理想的人选。

许多父母无法为孩子选择学校。如果你正是这样，那就要想办

内向的孩子喜欢清晰的信息和指引。 当他们明确知道要做什么的时候，他们就不再需要他人的督促。当他们发现自己感兴趣的事情时，他们的自发性会更强。海登在读五年级，有一天，老师正在教他们认识南美洲。由于海登对登山很感兴趣，所以他一直在琢磨："南美洲的最高峰在哪里呢？有哪些高峰已经有人登顶了？"他的好奇心非常强烈，结果利用课间的时间，他又跑到图书馆去找参考书，还上互联网去查找有关南美洲山峰的资料。

内向的孩子喜欢不断"打磨"自己的想法和观点，使它们更为"锋

法为孩子找一位能经常鼓励孩子、不给他过多压力的老师。对内向孩子来说，如果老师能为他们制订个体化的学习方案，并能一对一地个别指导，那么家教和特许公立学校（由政府支持建立，家长和校方人员共同管理）也是不错的选择。不过，接受家教的内向孩子还需要额外参加活动小组，补充社会经历，这样才能使他们外向的一面得到发展。只要不过于强调竞争，规则也不那么死板、严苛，那些艺术和科学的特长班也是非常不错的选择。

内向孩子理想的受教育环境有如下特征：
- 有安静、整洁有序、干扰较少的教室。
- 有思考、准备和整理思绪的时间和空间。
- 首先展示知识的全貌，然后把具体的知识点与学生的现实生活相联系。
- 学生可选择单独或成组活动，可选择一名同伴一起学习，有问题可以向其询问；老师针对学生个体而不是群组进行评分。
- 专用教室，有隔板与他人分隔，有屏幕、耳机。

利"。如果碰上了难题，内向的孩子往往会去搜索互联网、看视频、读书，或者找一个信任的人一起讨论。当需要在他人面前做某件事情时，即便那个"他人"只有一个，他们也要事先作准备，进行练习。12岁的维罗妮卡是一个内向的孩子，在学校一年一度的莎士比亚介绍活动中，她极其出色地扮演了李尔王，即便是她的母亲也十分惊讶。她完全不知道维罗妮卡究竟是怎样记住那些台词的，但维罗妮卡确实是完全靠自己做成这件事的。

对内向的孩子来说，只有在他们完全理解某一概念后，他们才会

自我控制是优点

　　心理学家沃尔特·米歇尔（Walter Mischel）博士在美国哥伦比亚大学作了一项纵向研究。实验对象是4岁的学龄前儿童，他用等待时间测量了这些孩子抵制糖果诱惑的能力。等待少则几秒钟，多则5分钟以上。等到这些孩子长到十几岁的时候，同一实验又被重复了一次。那些在4岁时等待更久的孩子获得了更高的SAT得分（全称Scholastic Assessment Test，"学术水平测验考试"，是美国高中生进入美国大学的标准入学考试），他们具有更高的社会和认知能力，也比同龄人更能承受压力和挫折。研究人员得出结论，幼时等待的能力与其今后的情感与认知能力密切相关。许多父母把内向孩子的压抑倾向视为缺点，但等待的能力也是自我控制的能力，所以这一素质也同时是优点。这种能力将为内向孩子在未来学术和生活的成功打下坚实的基础。

喜欢他人给出的反馈和建议。他们喜欢别人表达看法，但这种表达一定要选择合适的时机。在他们考虑成熟之前过多地加以评论会阻碍他们的思维，降低他们经由摸索解决问题的能力。内向的孩子对让他们感觉不受重视或者轻视他们所付出的时间和精力的看法十分敏感。如果他们觉得自己的想法受到了重视，他们就会乐于合作，继续贡献他们的想法。

内向孩子的课堂陷阱

　　教室太过嘈杂。传统的教室环境不利于内向孩子的充分发展。许多教室拥挤又嘈杂——跑来跑去的孩子、刺眼的灯光、巨大的压力，就是一个乱！在这里，内向的孩子很可能得不到喘息的机会，无法思考，无法专心做自己的事情，也没有时间完成将要上交的作业。

老师会误解内向的孩子。大多数小学和中学的老师都是外向的人。这是有道理的，因为即使是校园里非常普通的一天，老师也要付出极大的努力才能撑过去。大多数老师都对内向的孩子缺乏理解，他们把"快"等同于"聪明"。研究显示，当老师课堂提问时，如果在几秒钟内得不到回答，他们就倾向于再去问其他的孩子。内向的孩子常常有赛跑的感觉，而自己又总是落在后面。于是，在这样的环境当中，内向孩子的大部分天赋和能力都无法表现出来，这非常可惜。

对内向孩子缺乏理解的老师和同学可能会觉得他们不容易接近。有的老师会误解内向孩子的行为，觉得他们叛逆、不聪明、冷漠、不愿意或不能够交流。有的老师会觉得心情沮丧，因为他们觉得自己没有被内向的孩子所接受。令人悲哀的是，别的人会把内向孩子的表现理解得比较负面，或者理解为一种拒绝。而实际上，他们很可能正在思考，正在整理刚刚收到的信息。当一个内向的孩子表现得比较外向时，这种表现也不一定能反映他内心的想法。

老师可能会忽视内向的孩子。内向的孩子常常像一尊雕塑——安静、专注，不为外界所打扰，所以当老师被调皮的孩子搞得团团转的时候，他们得到的关注就更少了。

畅游校园生活

好奇是天然的课堂。

——斯迈利·布兰顿（Smiley Blanton），医学博士

当我们想到学校的时候，我们常常会想到阅读、作文和数学，有时也会想到科学和历史，但学科教育并不是学校的全部。然而，处在校园当中的却是孩子的全部身心。在黑板上的字迹背后，还有很多因素影响着孩子的学习。比如情绪的起伏、环境的融入、朋友的结交、体力的好

坏、与老师的关系等等。下面的内容概要地讲述了如何让孩子在教育系统中取得进步。了解教育系统和孩子将要面临的挑战能够促使你更好地帮助孩子。

学龄前教育（约3~5岁）

对内向的孩子来说，学龄前教育就是在发展外向技能（没有父母帮助）时学习如何进行自我调节的过程。在这其中，内向的孩子要在陌生的地方学着照顾自己，他们要在家庭的舒适区域以外扩展人际关系，同时寻找方法来调节自己的体力、情绪和刺激水平。

内向的孩子通常在3岁左右开始接受学龄前教育。你可以从日程较短的项目开始，比如一周去三个上午。这样做能为孩子提供在家里休息的安静的时间，让家庭到学校的过渡更为平顺。规模较小、每班不超过10~14个孩子但至少有两名老师的学校是最理想的选择。精心设计的课程和规律的活动能让内向的孩子比较轻松地适应下来。如果还能提供一个隐蔽而又安静的角落就更好了。受到良好培训的学龄前教育老师了解孩子的天性，他们知道不同年龄段的孩子都需要掌握哪些技能，他们就是专门和学龄前的孩子打交道的。学校应当允许你在孩子充分适应环境后再离开。好的老师都知道，有的孩子需要慢慢适应课堂，慢慢适应和父母分开的感觉，所以他们会允许你在孩子适应后再离开。通常，内向的孩子都需要慢慢地适应从家庭到学校的转变，尤其当他们感受到压力的时候，比如他们的家里又添了一个小宝宝。这一适应过程少则一周，多则数周。如果中间因为生病或度假离开了一段时间，那么回来时仍然可能需要花一些时间来适应。

在学校开学前，你可以带孩子去看看学校，或者在周末的时候带孩子去学校的操场玩一玩，也可以和他讲讲他将来会在学校里做的事情。在学年当中，你要帮助你的内向宝宝为即将面对的各种转换做好准备，比如假期或毕业。

每天,你都要和孩子一起聊聊他白天在学校遇到的事情。有什么事情他比较关心吗?在孩子休息的时候,问问他这一天过得怎么样,并且鼓励他把在学校遇到的有意思的事情讲给家里人听。比如,"嘿,我听说你们学校今天有人来耍蛇,你能跟我们说说吗?"但也要注意让他在放学后得到充分的休息。

平时,你要保持和老师的沟通。如果你的孩子经常一个人玩,你就可以鼓励老师找别的孩子来和他一起玩。如果老师告诉你说,当别的孩子拿了他的玩具或者打翻了他的积木时,他也什么都不说。这时,你要把类似的场景在家里模拟演练一下。找一个孩子休息的时间,然后建议一起玩积木。在玩的过程中,你做出要击倒积木的动作,同时让你的孩子说:"嘿,不要动我的积木!"完毕后,交换角色继续演练。然后,你们可以转换情境,让两个人一起合作,一起玩。让你的孩子把他的积木桥搭在你的积木桥旁边。当你搭积木遇到困难时,就大声地说出来,这会让你的内向宝宝知道,别人在搭积木的时候也会遇到难题。

有时,当遇到没有耐心、做事冲动的其他孩子时,内向的孩子会觉得心情沮丧。这是一个很好的时机,你可以利用它来和宝宝一起讨论,每个孩子都有自己的性情,都是按照自己的步调来做事情的。告诉你的宝宝,他也有能力按照自己的步调来做事情,他也有天赋,就像别的做事冲动的孩子也有自己独特的优势一样。

幼儿园(约5~6岁)

对所有的孩子来说,5岁是一个不折不扣的社交年,这个年龄的孩子都十分活跃。5岁的内向孩子正学着把自己的内在世界和外在世界相对比,正在努力理解别的孩子、老师和任何他们想了解的东西,他们努力把自己的想法付诸实践,也不断经历和累积新的经验。这一切都要消耗他们大量的精力。

如果内向的孩子在接受学龄前教育的时候没有交到一两个特别要好

的朋友，那么到了幼儿园的时候，他们也常常会继续这种状态。现在，你的内向宝宝已经初步适应了学校的氛围，他已经有能力把注意力放到别的孩子身上了。在他的眼里，和有的孩子一起玩会玩得很高兴，而另一些就不行。他已经开始把别的孩子的行为同他们的意图联系起来，也开始学着处理冲突。

许多内向的孩子，尤其是那些在家里是弟弟妹妹的，他们都会害怕去学校。在学校开学之前，你可以带着你的内向宝宝去学校里走走。你们可以逛逛整个校园，包括厕所、食堂和办公室，边走边把在教室里玩耍的孩子指给宝宝看。如果有宝宝的朋友或哥哥姐姐正在上那所学校，你就带他去参加学校的聚会或者别的有趣活动。见到老师的时候，鼓励他和老师打招呼。

内向孩子面对的最大的挑战在于，他们身处一个不利于他们神经回路的环境，学习压力却在不断增大。有时他们想回到他们从前的学校。这时，你需要通过帮助他接受现实来让他更好地适应环境。比如，"我知道学校里很吵，让人很难思考问题。"然后再帮助他一起寻找解决方案，比如鼓励他和你一起做头脑风暴，"有什么办法能让情况改善一些呢？"接下来，你的内向宝宝会想出很多的好办法。

随着孩子越来越适应学校的环境，你可以建议他给老师送一个小礼物，比如一朵花或者一张卡片（如果他需要你把东西转交给老师，这也是可以的）。当全家到外面度假的时候，你可以带一些沿途的小纪念品回来，比如漂亮的贝壳，然后你的孩子就可以把它们派送给全班的同学了。这样做能帮助他表达，他爱他的班级，他是班级的一部分。你还可以找个不太长的时间来让他和他喜欢的孩子们一起玩。你还要坚持每天和孩子聊天，这样他就能逐渐地把有关学校的想法和感受吐露出来，也能让你有机会制止他任何负面的自我对话。即使在这个年龄，内向的孩子也倾向于把问题归因于自己，从而草率地责怪自己。你可以这样问他："你是不是觉得是你把尼莫二世（教室鱼缸里的一条鱼）弄死的?""是啊,我的任务是给它喂食,但是我肯定是喂得太多了。""亲爱的,很高兴你能告诉我,因为这不是你的错。克拉克太太已经告诉我了,他说这条金鱼已经很老了。"

小学(1~5年级,约6~11岁)

对内向的孩子来说,进入小学是他们跨出的一大步,新增的压力和科目有可能会让他们不堪重负。他们需要有一个声音来安慰他们说,以后是不会这么累的(事实也是如此)。当内向的孩子能够把新信息与已知的信息点相连时,他们的学习效果是最好的。他们把过去的课程和经历作为基础来构筑新的知识。当新知识被分解为有利于消化的小块"食物"时,内向的孩子也会掌握得比较好。为了学习基础知识,他们需要以创造性的方式大量实践。比如卡片、绘画、唱歌、自编韵律、在汽车里复习等等。你要帮助孩子培养起良好的语音能力、阅读能力,打下坚实的数学基础。内向的孩子不擅长数学中要用到的短时记忆,所以他们需要作大量的加法、减法和乘法的练习。他们掌握这些基本技能可能需要花一些时间,因为他们同时也在学着处理来自他人的干扰。但是一旦他们打下稳固的基础,你就可以看到他们的明显进步,尤其在三年级左右。许多内向的孩子都是在这个时候真正喜欢上学习的。对他们来说,首要的挑战在于学会大声表达,把自己的才学展示出来。

和孩子谈谈他的参考书,帮助他理清头绪,这样他就不会因为焦虑而浪费精力了。焦虑只能损害他的学习能力。如果找一些彩色的箱子或筐子来帮内向的孩子整理作业,让它们一目了然,他们的学习就会更上一层楼。

如果老师告诉你说,你的孩子在上课时胡乱涂画,做白日梦,或者不积极参加课堂活动,这时你就要注意一下。这种情况可能意味着,为了更好地听讲,他正在努力让自己的大脑平静下来,也可能意味着他不想学习了。如果是第二种情况,你就要跟他谈谈,询问是不是发生了什么事情。他对学习的东西不感兴趣吗？他觉得老师讲的东西很难吗？他的心情很烦躁吗？他的成绩落后了吗？教室太吵了吗？多和宝宝聊聊，帮他把问题解决掉。

初中（6~8年级，约11~14岁）

在初中的三年当中，许多内向的孩子会觉得自己和别的孩子不一样，并为此苦苦挣扎。你的孩子可能需要你来帮助他认识自己的能力，因为他已经确定无疑地认识到，自己不是人们所期望的那样。这时，肯定他的天赋并鼓励他发展个人兴趣就能帮助他接受自己的与众不同。事实是，大多数孩子都是外向的。认识到这一点，孩子觉察到的自己和别人不一样的感觉就得到了验证，同时他也能大大方方地做他自己了。当孩子认识到自己无法成为学校里那些外向而又耀眼的孩子时，他的内心会非常失落，他需要家人和朋友释放出接受他的信号，需要找到感兴趣的事情来激发他的想象力，这样才能让他的失落感逐渐消除，这是一个长期的过程。

初中会消耗掉内向孩子相当多的精力。他们不得不面对考试和同时修几门课的日益增长的压力。这一时期又是一个学习基本技能的阶段，这些技能将在高中和大学使用到，其中的一项就是做笔记。因为内向孩子的听力反应比较缓慢，所以这对他们来讲可能会比较困难。对内向的孩子来说，比较有效的笔记方法是三栏式笔记。把一张纸折出三个区域，然后教你的孩子在第一栏里记下重点和要点，在第二栏里记下详细的内容，然后课后在第三栏里记下自己联想到的比较重要的想法。你还可以帮他设定作业的优先次序，以及把大作业切分成几个小步骤。

能否在社交和情感上感到舒适与学习的状况密切相关，这在初中时期是十分明显的。如果父母没有用心去维系他们和孩子之间的情感，这个年龄段的孩子就会稍稍地和他们疏远一些。所以，你要关心孩子在学校里正在学些什么。如果他正在了解伟大的画家，你就要带他去博物馆，或者从图书馆借阅描写大画家生平的书给他看。你还要教他表现出友好的举止，这是他不擅长的事情。比如在社区活动中带他去和不认识的人打招呼。你可以对孩子说："让我们去看看他们在干什么，进去打个招呼。"然后再对那些陌生人说："大家好，我是琳赛，这是我女儿格蕾珍。你们这儿的气氛真不错啊！"

在这三年当中，孩子能参加的课外活动比以前更多了，比如童子军、各种兴趣辅导班（比如自然科学课程）、四健会（非营利性青年组织，隶属于美国农业部国家食品与农业研究院）、体育运动、手工和艺术活动等等。你可以鼓励孩子好好利用这些机会，建议他每学期都选一个不同项目来参加。

记住，要让孩子知道你永远会在他后面支持他，这很重要。同时你也要记住，学习不仅是学校的事情，孩子在家里也一样是学习。初中的这段时期非常困难，因为从某种程度上来说，在这段青春期里，所有的孩子都会感受到某种困惑和不平衡。在这期间，你要不断提醒孩子注意他的优点，同时帮助他进行积极的自我对话，以免任由他自我谴责。他的自我还在不断成长当中。

高中（9~12年级，约14~18岁）

很多内向的孩子对我说，他们不喜欢高中生活。那里又挤又吵，而且充满了来自群体的社会压力。在这一阶段，内向的孩子已经做好准备学习更多的东西，所以他们常常显得有些不合群。这时，最好的选择是想方设法来发挥内向孩子的长处。如果孩子能排除干扰走自己的路，他的高中生活就能过得轻松一些。而且几乎所有人都知道，上了大学以后，情况就会好很多。

在高中时期，内向的孩子常常会比以往更努力地学习，以此减少用来适应社会的时间。适应社会是很耗费精力的事情。这时需要鼓励他们多放松，尽管他们可能会有些不习惯。多睡觉也是可以的。有关睡眠的研究已经证实,处于青春期的大脑需要更多的睡眠来生长发育。

十几岁的孩子可能会对书呆子这样的称谓非常敏感。针对这种情况,你可以建议孩子参加一些表演、摄影等文艺课程,或者是参加课外活动,因此他还可以认识新朋友。你还可以建议他去参加乐队、校报编辑部,或者加入运动队,这能让他在结识新朋友的同时也能在老朋友面前展现出新的自我。有的内向孩子喜欢辩论,因为这种形式是讨论重大问题的一种成熟的方式。你也可以鼓励孩子参加课外的志愿活动,这不仅能发展他的兴趣,还能增强他的责任感。如果孩子对某一种职业感兴趣,你也可以帮他寻找一个无偿的实习机会,让他在了解行业的同时,也顺利度过一段困难时期。

这一时期,内向的孩子有时也会感到非常烦闷,他们可能只想学习自己感兴趣的科目。这时,你可以想办法把课堂上讲的内容同孩子的兴趣和经历联系起来。和你的孩子聊聊这件事,看他能不能做出一些改变。生命当中最重要的天赋之一不仅是知道我们喜欢哪些科目,还要知道如何对某些科目产生兴趣。在一生当中,我们有必要去做一些我们不是十分感兴趣的事情。如果孩子要了解历史上的某一时期,那么有那个年代的传记吗?有相关的家庭调查资料吗?有博物馆能让尘封的历史重新鲜活起来吗?

下面的两个因素可能会影响内向孩子在高中时期的表现。其一是害怕出类拔萃。他们常常埋没自己的天赋以避免被关注,或者避免成为聪明的异类而受到讥讽,尤其是女孩子,她们更可能产生这方面的担忧。第二个不利因素是叛逆。这种反应来自于低自尊,有时也来自对父母或其他权威人物的愤怒。内向的孩子也会害怕长大,甚至主动降低自己在学校的活跃程度。

记住,在准备充分的情况下,内向孩子的自我感觉是非常好的。他们需要锻炼组织和管理技能。掌握这些技能后,内向的孩子就能更加自信地独立生活。在高中阶段,你要一直做孩子的朋友,尽管有些事他并不愿意让你知道，或者让你帮忙。他也可能会需要你帮他安排日程，计划课时，或者在如何完成作业方面为他出主意、想办法。在帮他解决问题之余，你还要鼓励他承担起自己的责任。

左脑和右脑

逻辑用做证明，直觉指引发现。

——亨利·庞加莱，伟大的数学家

我们在第 2 章已经讨论过，大脑的左、右半球常常是彼此独立工作的。右脑看见的是整个森林，而左脑则分析和评价每一棵树木。但是，只有当左、右脑协同工作，一个人才能把思想、感受、意识和无意识等大脑功能联合起来。右脑占优势的孩子只占少数，而大多数小学和中学都是为左脑的外向孩子所设计的，因为他们占据了人口的主要部分。大多数老师也是左脑占优势并且外向，直到你进入大学，情况才会有所变化。

著名的脑研究专家、医学博士丹尼尔·西格尔（Daniel Siegel）说："我要为右脑占优势的人说几句话！记住，右脑的功能对自我调节、自我意识和对他人的同理心都非常重要。"和内向的孩子一样，右脑占优势的孩子也常在学校里遭遇困境。实际上，有的大脑专家认为，注意缺陷障碍（ADD）并不是疾病，而是右脑占优势的自然反应。我认为，可能的情况是，注意缺陷多动障碍（ADHD）多半是外向的右脑占优势的孩子，而注意缺陷障碍（ADD）多半是内向的右脑占优势的孩子。从这个意义上说，这些情况所反映的不过是大脑的优势区域不同，并不是疾病。

左脑主要用来学习阅读、写作、数学、逻辑、语言和线性思维。它的短处在于过分注重细节、想法非黑即白、不利于接收新信息和不善整体思维。右脑的功能包括识别图案、关注身体和情感知觉、整体思维、理解和使用符号、艺术创造和接收新信息，但是不擅长使用语言，难以集中注意，容易信息过载。

认识孩子大脑的优势区域有助于强化他的长处，并且让某些短处得到解释。以下分别是对左脑和右脑占优势的孩子的建议：

右脑占优势的孩子在下面的情境中学习效果最好：
- 使用图像、比喻和音乐。
- 课堂任务和活动时间灵活。
- 帮助管理时间，解决冲突。
- 为突发奇想提供包容的空间。
- 布置可供选择完成的作业，允许创造性地完成作业。
- 对表现出的同理心和独特视角表示肯定。
- 将学习内容同他人以及孩子自身的生活和经历相联系。
- 用鼓励来回应孩子，慎重使用批评。
- 认识并了解右脑占优势的孩子的优点，比如好奇心和创造力。

左脑占优势的孩子在下面的情境中学习效果最好：
- 注重规则，要求严格，评价标准明确。
- 运用具体的因果推理。
- 认识左脑的长处，如擅长处理文字和数字。
- 提供运用批判性思维和解决问题的机会。
- 制造辩论和口头演讲的机会。
- 注重增强孩子的灵活度，鼓励决策前先思考。
- 教导"人各不同"的价值和团队决策的优势。
- 提供通过调查开展独立研究的机会。
- 不强调人、事物、想法的不足之处。
- 奖励成功，不强调失败。

- 竞争与合作并重。

教育没有一个固定的模式。我们仍然在研究适合于不同类型孩子的教学环境、风格和方法。了解了内向孩子在学校的经历后,你就能帮助他取得最好的学习效果。

> **本章重点**
>
> ◎ 内向孩子通常进入为外向孩子设计的学校。
> ◎ 当老师和家长明白了内向孩子的学习方式后,他们的优势就能得到展现。
> ◎ 左、右脑占优势的内向孩子各自拥有不同的学习优势。

第 11 章

学校和运动场上的内向孩子

协助老师,帮助孩子学习、完成家庭作业、预备上大学和参加体育运动

> 孩子不是一个等待你灌水的花瓶,而是一支等待你点燃的火炬。
>
> ——拉伯雷,法国文艺复兴时期伟大作家

内向的孩子生来善于学习,这是他们的天性。作为沉默的观察者,他们喜欢独立工作,喜欢反思,需要具有启发性的信息来补给他们的大脑回路。如果父母和老师理解他们的思维方式,他们就能在课堂上有突出的表现。

遗憾的是,由于大多数学校的传统教学环境不是为内向孩子所设计的,这使内向孩子要有正常表现必须要花费大量精力。而且,由于被误解和忽视,他们往往得不到足够的鼓励。对气质有所了解的家长就责无旁贷地要确保自己的内向孩子所接受的教育应当是得当的而且是有针对性的。这就意味着,家长要在孩子的教育问题上积极参与,无论对孩子还是对整个家庭来说,这么做都是有好处的。

别让老师成路人

你应该跟老师谈谈孩子的气质和天性。如果老师对孩子的气质有所了解，他就更有可能会去适应孩子的学习方式。如果你觉得这么做对处理孩子在学校的情况有所启发的话，你就可以设法和老师结成同盟，把孩子在家里的需求和表现告诉他。向老师保证，你的孩子热爱学习——只不过他要按照自己的节奏来学。你可以举例来说明孩子对学习有兴趣，比如你和孩子曾就一个课题进行过热烈的讨论。老师可能会对此感到意外，从而有了对孩子负责的动力。如果某些教学方法让孩子感觉吃力，比如老师在课堂上快速转换话题，你就要为此找老师咨询一下。有时候，明白老师做法背后的道理有助于你帮孩子更好地作准备或寻找解决问题的其他办法。问问老师，要使课堂教学对孩子更有成效，你能做些什么。

与老师交流的时候，试着估计一下他的气质类型。这么做能让你在与老师交流当中使用更易被他接受的语言，从而更好地传达孩子的需求。（见 P241，掌握两种"语言"——交谈）这位老师的精力是否表现在一些安静的方面？他是否很少组织集体活动？他希望孩子们具有创造性的想法？他喜欢保持课堂环境井然有序？如果是这样，他就可能是个内向的人。老师是否精力十足？鼓励大量集体活动？要求课堂讨论？保持课堂气氛的活跃和活动的频繁？如果是这样，他就可能是个外向的人。

在你与钢琴老师、教练和其他教育工作者交流的时候，你应当注意一下他们的气质。例如，体育教练通常气质外向，认为所有孩子都有跟他们一样水平的精力和动力。

与老师交流的小建议：

- 自孩子入学起就跟老师、校长和教工建立起联系。
- 为孩子的课堂活动或学校事务提供帮助，让孩子和老师都知道，你非常重视学校。

- 记住，教学是一件困难重重的工作。避免指责或批评老师。可以不时地给老师寄封简短的感谢信，或发一封感谢邮件，或仅仅是说声"谢谢"。
- 想好怎样介绍你的孩子以及他的内向气质，例如："帕蒂真的很喜欢您，很爱上您的课。帕蒂思维活跃，对她而言，课堂环境的刺激可能有点过大。如果有充分的时间思考，帕蒂能表达很多想法，您一定会感到吃惊的。您有对待像帕蒂这样的学生的有效方法吗？"
- 虚心听取老师的意见，你可能并不了解事情的全部。

知道家里有人跟他站在同一阵线，在必要时能给予他支持，这对内向的孩子应付学校生活中不断出现的挑战是一大帮助。所谓的挑战可能是某个老师不理解某个学生，就像前一章开始谈到的茱莉安的情况一样；可能是某个学生总被赶着学，总来不及完成功课；还可能是您觉得孩子因为一些与气质相关的学习习惯而受到不公平待遇。

关键在于，你不能想当然地以为，老师一定会摸索出与孩子沟通的最佳方式。一对气质外向的家长可能更容易充当孩子的支持者。一位气质内向的家长则可以让其气质外向的伴侣出面与老师沟通，或者也可以自己出面锻炼一下自身外向面的能力。知道孩子在学校面对的是什么，你就能帮助孩子做好准备，动用家庭的智囊找出创造性解决问题的方法。对于你的建议，老师应心存感谢，而不是觉得遭到了冒犯。

给内向孩子的学习秘诀

内向孩子既有毅力，又有聚精会神的能力，他们天生善于学习。但是，像所有孩子一样，他们也可能需要一些帮助来养成良好的学习习惯。认识属于自身的学习类型有助于孩子提高自己的学习能力。下面是一些建立在内向孩子优势基础上的学习技巧。

记 忆

内向孩子采取的记忆方式是长期联想性记忆。把所学的新知识与个人记忆联系起来，把视觉记忆系统与听觉记忆系统联系起来会让他们记得更牢靠。在短时记忆方面，即对语言表达和数学能力有影响的记忆方面，他们稍显弱势。

以下一些建议将帮助他们最大限度地发挥自身的记忆能力：

● 把新事物与已知的事物联系起来，例如：通过做菜学习分数，通过零花钱学习货币。

● 编一些缩写词、有关词汇的联想和有意思的顺口溜。事物以联想的形式存在有助于内向孩子的记忆。

● 把新信息与脑海中形成的视觉图像联系起来。例如：学到林肯总统的事迹，就给孩子展示林肯在不同场合下的插图画。

● 温习！温习！再温习！

学 习

每当听到孩子们说他们自己不聪明所以得下功夫学的时候，我就很震惊。这一误解反映了我们社会的一种主观的文化臆断，即速度就是优势。实际上，有速度不一定有优势。学会怎样学习对所有的孩子都很重要，尤其是对内向的孩子，因为后者需要在学习上"小步走"，循序渐进。

● 观察孩子是否把逃避学习作为一种减轻过度刺激的方式。通常情况下，内向的孩子喜欢学习，做家庭作业时也很主动。但是，如果预料到将有干扰发生，他们就可能避免进入高度专注的状态，因为对他们而言，放下手里一本感兴趣的书或一个感兴趣的课题而回归外部世界是一种很不愉快的体验。此外，内向孩子的思维很活跃，学习新事物可能的确对他们而言是过度的刺激。为了避免这种不适——可能是下

放大鼓励的声音

留意孩子是怎样自言自语的，以此为模式帮助他建立积极的自我对话。对所有人来说，积极的自我对话对自信的保持都非常重要，但对内向的孩子尤其重要，因为内向孩子身上的主导神经回路经过了大脑的内在语言中枢。你可以使用下面的步骤教孩子把消极的自我对话转换为积极的自我对话：

1. 注意你在想什么："我可真差劲。"
2. 注意这种想法下潜伏的情绪："我没有考到更高的分，我感到又失望又沮丧。"
3. 放大鼓励的声音："失望是正常的。我努力考了。也许我需要再努力提高我的成绩。总还有下一次考试的。"

多种情况都适用的其他鼓励语：
- "有时候是挺让人沮丧的，但生活并不总是公平的。"
- "我不喜欢这个，但我能应付。"
- "我在尽我所能。"
- "人总会碰上倒霉事的。"
- "今天我很难过，但这种感觉会过去的。"
- 还有我个人最爱的"人都很奇怪，我也是这样"。

意识的——他们会通过逃避学习以防止用脑过度。给孩子帮助，向他解释这种奇怪的现象，并教会他如何不受过度刺激的困扰。孩子可以学着暗示自己："行了，大脑，把思想的闸门关上吧。"以此给自己一个休息的机会。

- 提议跟孩子一起学习或者把作业分解成容易着手的几个小部分，由此引导孩子学习。

- 提醒孩子在学习上"小步走",不要想"一口吃成胖子"。
- 用不同颜色的标记笔和便签标示阅读材料的重点部分。视觉学习者更善于记忆颜色,所以在材料中用彩色强调重点有助于增强他们的记忆力和理解力。用标记笔(类型不限)把信息划分为容易处理的多个部分。
- 内向的孩子是视觉和听觉学习者。给他放与所学课题相关的磁带或影碟。如果音乐能帮他放松精神,集中精力,你就让他听听音乐。

考 试

要在考试中发挥出最佳水平,内向的孩子需要感觉自身已经准备充分,而且已经休息充足。外向的孩子可能会认为那种有点激动、有点慌张的状态挺带劲,而且那可能确实还会促进他们的发挥,但是肾上腺素和多巴胺只会降低内向孩子的思考能力和展示已掌握知识的能力,所以避开匆匆行事才是上策。

- 确保孩子休息充分,并已摄入了足够的水和蛋白质。
- 教会孩子如何平静情绪,稍事休整,深呼吸。
- 教会孩子如何自我鼓励。
- 告诉孩子要提醒自己不会忘记学过的东西。
- 让孩子浏览一遍试卷,仔细阅读题目,先做简单的问题。一旦打开长时记忆闸门,就没什么问题了。

班级讨论

内向的孩子往往不会积极参与班级讨论,在被叫起来发表观点时还可能会僵在那里。下面一些诀窍将给予孩子足够的信心,让他主动开口发言。

- 让孩子把阅读材料划分成几个部分,并确定每部分的要点。这样

家庭辅导

你可以在家锻炼孩子的学习能力，让他做好去学校学习的准备。热烈的谈话、艺术体验和一个鼓励提问的环境是内向孩子所需要的。此外，他们还需要空间去胡思乱想、做梦、发明和思考。与他们的思维和天资相匹配的活动能激发他们的联想（即把"点"串联成"线"的能力）、思考、感知和洞察能力。作为一项准备，你可以帮助孩子认识到，什么样的学习方式最适合他。此外，来自家人的鼓励也能增进孩子的自信心，鼓舞他天生的执着精神。

培养孩子的好学品质和思维能力，平日里你可以参考下列方法：
- 不管孩子年龄有多大，大声读书给他听，在车上给他播有声读物。创造一个读书角。去看医生时带本书，在候诊时读。让你刚有读写能力的孩子读东西给你听，任何东西都行，甚至标签和发票。

做能让他对课堂上的问答和评论有所准备。

- 在预习时，让孩子选择两个要点并写下来，然后练习大声地把它们说出来。
- 让孩子准备一个与阅读材料相关的问题，以便在课堂上提出来。

团体互动

在小组作业当中，最后的大部分工作往往都是由内向的孩子完成的，因为他们喜欢钻研问题，也在乎工作的完成质量。如果其他人不认真，内向的孩子就会揽下大部分的活。我接触过许多内向孩子，他们学会了和外向的孩子相妥协：他们负责完成项目的书面部分，然后由外向的孩子负责去表达。

- 给孩子读书时，在一个故事快结尾的地方停一停，问问孩子"将要发生什么？"或"你希望发生什么？"以此开拓孩子的思维，引导他思考不同的可能性和选择。
- 让一家人的晚餐时间成为一天中比较特殊的时间：大家一起讨论时事，谈谈各自都在工作上、学校里忙些什么。
- 玩玩"假设"的游戏。每个人在一张卡片上写下一种假设的状况，比如"假设我住在月球上"，或者，"假设我们有一只宠物象"，然后选择一种假设状况并思考一下可能的结果。
- 留便条，比如在午餐盒里留便条，或者留张字条作为寻宝的提示。这既能给孩子惊喜，也鼓励他留便条给你。气质内向的人无论年龄大小都喜欢收便条和写便条。

家庭作业

电脑又有了新功能，以前不交作业可以说"狗把作业吃了"，现在可以说"电脑发生故障了"。

——道格·拉森（Doug Larson），美国专栏作家

要想让家庭作业做得有意义，孩子就必须花足够的时间和精力在上面。试图把一打数学题塞到睡前5分钟让孩子完成只会弄得人人沮丧——不是完成不了就是质量不高。跟孩子一起弄清楚，什么时候是做家庭作业的最佳时间。帮助他分析自己的精力水平，了解自己一天当中的精力高峰和低谷。他觉得最容易或最难的科目是什么？他应该先做哪一科的作业？他应该优先完成哪些作业？他想在做完作业后吃点心犒劳

自己吗？不要把孩子的日程塞得满满的，使得家庭作业只能匆匆完成。内向的孩子在有压力的情况下不会有上佳表现，他们只会觉得气馁。通常情况下，内向的孩子都会主动去做家庭作业，除非他们累了，或者某个材料让他感觉吃力。尽可能保持灵活，不要盲目崇拜家庭作业。确保孩子有玩耍和发挥创造力的时间。

说起家庭作业，你的内向孩子也许：

- 希望你待在身边。
- 要在做作业之前先吃点零食，并且一个人待一会儿。
- 中途休息几次会有不错的效果。先做数学作业，然后去接他下音乐课的妹妹，再回来做科学作业……
- 放学或课外活动归来途中，可以在车上做作业。
- 更喜欢在晚饭后或洗完澡后做作业。
- 需要费心思寻找安静的位置，特别在课后托管的情况下。

协助完成家庭作业

您可以鼓励孩子把课题分解为几个小步骤来完成，在接下来的数天内逐步进行。例如，星期一：阅读要求和准备必要的工具；星期二：研究该课题；星期三：记录要点；星期四：试写初稿；星期五：让父母审稿，作修改；周末完成，周一交稿。下面是一些帮助内向孩子完成家庭作业的其他方式：

- 安排一处安静、不受打扰的空间。保证文具和零食的便利。
- 不鼓励完美主义。指出每个人，包括你在内，都会犯错。
- 提醒孩子，他需要一个晚上的时间消化学到的东西。今天晚上学的，明天会更明白。
- 如果孩子感到吃力，听他说出烦恼，问他需要什么帮助。不断问问题以帮他理清思绪和情绪。不要以为你知道的比他多，去上学的是他。

- 鼓励孩子使用脑海中形成的图像唤起记忆。

- 帮孩子从学习材料中找出有意义的联系。"这告诉了你身体里的细胞是如何工作的。你开始的时候就是这里面的一个细胞,对吗?所有这些小细胞一起齐心协作先造了一个器官,再造了一个人,是不是很神奇啊?"

- 提出过程性的问题以帮助孩子思考,直到他得出结论,但是不要替代孩子思考。例如:"你认为最关键的一点是什么?你想想,为什么老师希望你知道这个?你认为那个是怎么发生的?"

- 鼓励有益的自我对话。"我能做得到。""一步一步做,就能完成它。""我今天懂得比昨天多。"

- 帮助孩子把家庭作业和他自己的生活联系起来。如果他正在学习货币,就问:"8 枚 25 分的硬币能买多少块糖果(或者别的东西)?"

内向孩子与天赋

> 当孩子要字典做生日礼物时,你就知道他天资聪颖了。
>
> ——朱迪·加尔布雷斯(Judy Galbraith),美国育儿专家

关于内向孩子,有一点很有讽刺意味:不理解内向孩子生理机制的老师会认为他们很迟钝、很笨或者不聪明——正像我们之前所看到的。对社会而言,这可是一大损失,因为至少有 70% 的天才儿童是内向的孩子。明白了他们的生理构造后,你就不难理解这是为什么了。

许多外向的孩子具有综合性和广泛性的智力,但是在诸如科学、计算机、医学、工程学、建筑学、心理学和高等教育等领域,内向的人占主导,因为他们拥有非比寻常的集中精力处理复杂信息的能力。正如爱因斯坦所说:"我最大的长处就是我能长时间地思考同一个问题。"

内向孩子天赋过人也有其弊端,原因在于,那些有天赋的孩子可能

会感到很孤立，因为他们很难找到情投意合、智力相当的朋友（甚至在自己的家庭里）。如果他们的才能被忽视，他们很可能会失去动力。如果没有复杂的兴趣爱好给他们的大脑作补给，一些有天赋的内向孩子可能不会意识到他们本身的智能。有些很聪明的孩子沾染上了毒品，就是为了对抗孤独感和弥补刺激的欠缺。所以，理解内向孩子的才能，让他们拥有丰富的生活体验，帮助他们找到能与其分享思想的孩子和成年人至关重要。

即使一个内向孩子的天赋被认可，问题依然可能存在。我接触过一些被分到所谓 GATE 班的内向孩子。GATE 是加州一个旨在培养"天赋优异"儿童的项目。许多参加项目的孩子最终反而有变笨的感觉。这是因为他们被迫快速学习特定内容，以及为在标准化考试中取得好成绩而备考。

本书最后的参考文献部分推荐了一些有关天才儿童的书，找几本来看看。你可能会惊讶地发现，天才儿童听上去跟你的内向孩子如出一辙。你还能发现一些有关如何以最有效的方式培养孩子天赋的建议。

在大学教育中生存、成长和收获

许多内向的孩子在大学中如鱼得水。趁早帮你的内向孩子选择一个适合他的大学和专业。内向孩子可能从很小的时候起就开始为自己上大学作准备。对内向孩子来说，从高中到大学是一个艰难的转变，可能会让他们感到恐惧和不知所措。所以，最好在孩子成长过程中就帮孩子慢慢地、有步骤地考虑高等教育的各个方面。趁假期和旅游时带孩子到不同的大学校园参观。我曾带我的外孙到我们当地的大学里玩。我带他去听讲座和参观学校的天文馆；我们一起逛了学校的建筑；我还给他讲我上大学时的故事。请你的朋友和家人给孩子讲讲他们的大学体验。他们觉得大学好在哪里？不好在哪里？他们当时为什么选择上那所学校？

随着挑选学校的日期越来越临近，你应当始终把择校的过程当成是一次发现之旅。帮助孩子运用其自身的比较能力评估各种选择。保持交流的开放和畅通，与孩子探讨即将到来的大学生活的方方面面。气质内向的青少年在选择大学上花费的时间比较长，所以要早作准备。

内向的孩子和他们的家长在选择大学时应该考虑到的因素包括：学校的地理位置、规模和学生人数，学校的氛围和理念，集体住宿情况和选择的专业情况等等。内向的孩子可能无法承受较大型的院校，这些学校也提供不了他们所需要的"耐寒区"（见第4章）。我接触过许多选择上了竞争激烈的大型院校的内向孩子，他们都过得不开心。大学一年级结束后，他们就转学到了较小型的院校，在那里，他们找到了志趣相投的朋友，感觉也没那么压抑了，跟老师也有了更深入的接触。地理位置可能也很重要，因为内向的孩子在刚上大学的时候会时常想回家。对内向的孩子来说，小型的大学城比大都市的压力小很多。

以大课方式授课的竞争激烈的大型院校和那些以聚会不休而闻名的学校一般都不是内向孩子的最佳选择。较小型的院校通常气氛更安静平和，那里的学生也更认真好学。有时候，我很惊诧有些家长会觉得专科学校名气小。但是，对很多内向孩子来说（对我来说就是如此），一个低调的专科学校是迈入学术生活的一个很好的起点，而且许多专科学校都享有极佳的声誉。此外，专科学校阶段还是住在家里，这对在男女兼收的学校就读的内向孩子来说是个很好的过渡。在对处理大学生活更有经验后，他们就可以转到规模更大的大学。

集体住宿、学习和就餐对内向的孩子来说可能是个不小的挑战。因为要跟另一个人挤在一个小房间里，所以有一个合得来的室友非常重要。内向的孩子需要充电和学习的私人空间。一个上佳的充电方式是在周末甚至假期大多数人都离校的时候留在学校里。现在，考虑到包括气质在内的种种原因，很多大学都会以科学的方式分配室友。一份研究表明，把一对气质相似的人配成室友能提高这两人对学校的满意度，并使更换室友的申请降低65%。

有研究显示，内向的孩子在选择专业上花费时间更长。我估计，这表明了他们的阅历不多，不足以让他们了解自己的兴趣。所以，还是得早作准备，帮他们弄清楚什么能激发他们的兴趣。此外，还有研究表明，在大学里，内向孩子在社交和约会方面没有外向孩子那么活跃。所以，告诉你的内向孩子，让他放心，他没必要成为一只"社交花蝴蝶"。支持孩子继续深造的兴趣。研究生院是内向孩子的领地，因为他们热爱学习，对深入探索专业学科领域感兴趣。

运动场上的内向孩子

> 运动并非塑造性格，而是揭示性格。
> ——海伍德·霍尔·布朗（Heywood Hale Broun），美国著名演员

很多人把"体育运动"等同于团体性竞技运动，但是室内室外的体育活动种类可多着呢，而不同的孩子会被不同的运动类型所吸引。根据美国儿科协会的说法，要参与团体性运动，孩子至少得到六七岁。团体性体育运动传递的是一种错误的信息——强调高度结构化的团队合作和输赢。在成年人组织的运动中，孩子们被过早地要求成为团队合作者。此外，参与团体性运动占用了孩子的自由活动时间，而后者才是孩子应当去从事的。

内向的孩子一般喜欢个人运动，如武术、徒步、滑冰和皮划艇。我认识的一个十几岁的孩子告诉我，他早就心甘情愿地当个"书呆子"了，不过他还是决定加入学校游泳队以争取在一项运动上有成绩表现。他可以用一定量的运动来平衡他"书呆子"的一面。确实，加入游泳队以后，他感到自己更被大家接受了，而且他也喜欢刷新自己游泳成绩所带来的挑战。

如今这个时代，为了孩子一场比赛中一个有疑点的球，家长们会动粗。退一步，自问一下：孩子们参与运动的目的是什么？或许这能有所帮助。当心不要把你自己关注的方面跟孩子们关注的事情混淆在一起。上体育课和参与团体性运动应该旨在让孩子们的身体得到锻炼，帮助他们学习人际交往能力和体能技巧，使他们获得团队合作经验以及有机会发现自身的兴趣。练习、探索和乐趣是关键。除了极个别的例子，体育运动不会成为一份光彩夺目的终身职业。让孩子尝试一项或多项运动以找到他自己喜欢的运动形式。孩子喜欢的运动也许不是他尝试的第一项运动，也许不是你小时候所喜欢的那项运动。

内向的孩子很讨厌学校里运动队的选拔活动，因为他们经常落选。当这种情况发生时，跟孩子讨论一下他的感受，帮他找到解决的办法。为了在学校里表现得更好，孩子可以先在家练习一下那些最热门的游戏（如脚踢球、四方球）。发展一项个人运动有助于内向的孩子增强体力和建立自信，也能使他们在落选学校运动队时不会感觉那么失落。

如果你的孩子已经是学校运动队的一员，你要做的就是监督教练。多数教练的教育方法还算得当，但有些教练太过严厉，且把输赢看得比体育精神更为重要。家长需要对此进行干预。

米娅是一个我认识的年纪不大的内向孩子。她练了好几年体操，对这项运动一直都很喜欢。但有一天她突然不愿意再练了，她哭了起来，甚至连体操馆都不肯进。她的妈妈慌张得不知所措，问我该怎么办。我告诉她很简单，听听米娅怎么说。等孩子平静下来了，她可以尝试找出其中隐藏的问题。她可以去了解一下情况。我建议她去跟其他家长以及教练谈谈，看米娅表现出了什么别的紧张迹象。有什么变化发生吗，比如说来了个新教练？是不是课上有人捉弄她或欺负她？是不是压力太大了？是不是被人忽视了？

结果是，米娅所在的班正要学习复杂程度更高的技巧。由于米娅是个内向的孩子，有完美主义的倾向，她既害怕，又觉得没有信心。她认为自己做得不够好，殊不知教练认为她做得很好。米娅的妈妈跟教练谈了谈，请她给米娅更多公开的鼓励。此外，她还催促教练让米娅去跟队里其他一些女生聊聊，那些女生对学习新技巧也很紧张。这样米娅就不会再觉得只有她一个人感到焦虑。问题就这样解决了，米娅现在还在练体操。

如果孩子不肯再参加某项活动，设法找出原因。如果在了解了情况后，你认为放弃是有理由的，就让孩子选择在这项活动中的某件事上坚持到学期结束。如果原因还不明确，就让孩子多坚持两周，看他到时感觉如何。

本章重点

◎ 向老师解释孩子的内向气质。

◎ 帮助孩子了解其头脑的工作方式。

◎ 谨记，内向孩子上大学和攻读研究生的比例高于外向孩子。

第 12 章

内向孩子的社会交往

内向的孩子如何看待友谊？他们会怎么做

> 友谊放大快乐、缩小悲伤。
> ——亨利·博恩（Henry George Bohn），19 世纪英国出版家

在社会交往方面，内向孩子和外向孩子的表现截然不同。外向的孩子喜欢认识许许多多不同的人并同他们讲话。通常，他们都会有一大帮朋友。内向的孩子也对别人感兴趣，但他们更倾向于进行小范围和一对一的交流。人们一般认为，内向的孩子不擅长社交。不过我们已经看到，内向的孩子不一定就会害羞、孤僻或者安静，尤其当他们身处熟悉、舒适的环境当中时，他们就更不是这个样子。这种认识上的混淆来源于人们对社会交往褊狭的理解。通常，我们只是通过外向的棱镜来看待社会交往。判断一个人是否擅长社交的常见标准有：人们经常说起他吗？他有很多朋友吗？他喜欢聚会吗？他总是去参加群体性的活动吗？

不过，如果我们从内向的角度作一番观察的话，情况就会大为不同：你的内向孩子有一两个非常要好的小伙伴吗？他珍视长久的友谊吗？他喜欢跟别人一对一地聊他感兴趣的话题吗？他关心别人的感受吗？很明显的是，问题的实质在于，内向孩子和外向孩子的社交技能和

社交倾向截然相反！外向孩子表现出西方文化所推崇的热情、开朗和活跃等特征，他们能和一大帮人聊得非常开心，而内向孩子更擅长为人们所低估的个人化、私密性的社交技能。

在和其他孩子或成人的互动当中，无论他们是内向的还是外向的，你的内向孩子都有可能感到安静、自信和舒适。经过训练和经验的积累，这一能力还会进一步提高。自信的内向孩子能够理解他人，能在自己需要休息的时候退出社交而不感到担心。他们了解自己看重什么样的友谊，喜欢什么样的社交。他们有几个非常亲密的伙伴，同时也对别的小朋友非常友好。在大多数社交场合，他们的心态都非常平静，相信自己是受人欢迎的。在需要的时候，他们也能把自己外向的一面展示出来，这由他们来决定。

奖赏系统

成为自己才能攀上快乐顶峰。

——伊拉斯谟，16 世纪荷兰哲学家，文艺复兴代表人物之一

我在第 2 章已经谈到过，内向孩子和外向孩子依赖的脑神经回路所提供的奖赏是不同的。外向的孩子天生就爱交际，他们的大脑通过到处开玩笑和群体活动获得快感，通过你一言我一语的快速交流享受乐趣。他们会敞开话题谈论各种各样的事情，而且喜欢从一个话题跳到另一个话题，完全无视外在的干扰。在身体活动方面，外向孩子比内向孩子更喜欢打打闹闹。他们把大多数小朋友都看成是自己的伙伴，他们的身边有一大群朋友。

内向的孩子喜欢亲密的谈话，话题也可能更复杂一些。他们喜欢以一种轻松的方式进行谈话，中间需要时间来暂停、思考。在谈论一些有趣的事情时，他们获得的是一种温和但也非常令人享受的快感。他们的

大脑构造使他们善于关注自己的想法和感受，并以此对所谈论的内容产生深入的理解。他们的语速比较慢，外部的打扰会影响他们的思考和表达。他们倾听，提问题，同时认真考虑别人的看法。为了发展这些内向者独有的天赋，内向孩子需要彼此信任的友谊来让他们锻炼谈话的艺术。内向的孩子通常受人喜欢，但是，在把别的孩子视做朋友之前，他们需要充分地理解这些孩子。

三大不同

由于内向孩子和外向孩子的脑神经回路不一样，所以他们的人际需要和社交技能也颇为不同。接下来，我们来一起讨论三个关键的不同之处：对"朋友"一词的看法、谈话方式和活动方式。

"朋友"是什么

在内向孩子和外向孩子的眼中，朋友是两种不同的东西。对内向的孩子来说，"朋友"意味着一段超过寻常的关系。8岁的卡西有一个非常要好的朋友叫萨曼莎，她们喜欢玩假扮上课的游戏，轮流扮演老师，还会给"学生"布置作业。她们一玩就是几个小时，会创造出各种各样的场景和情节。卡西和萨曼莎从3岁起就是好朋友了。萨曼莎一来，卡西就知道是什么事。她们经常一同解决难题，有矛盾也能迅速化解，很少争吵。卡西的弟弟诺亚是一个外向的孩子，一旦他惹萨曼莎生气（他总是这样），卡西就会护着她的朋友。可有趣的是，如果诺亚惹卡西生气，她就不当回事了。随着卡西一天天长大，她开始需要找朋友来和她一起深入地聊聊她感兴趣的话题。总之，在卡西眼中，"朋友"就意味着有福同享，有难同当。

内向的孩子喜欢各种类型的朋友。这些朋友可以比他们大，也可以比他们小，可以是同性，也可以是异性，可以有不同的文化背景，也可以有各种各样的性格。1999年刊载于《英国社会心理学杂志》(*British Journal of Social Psychology*)的一项研究发现，与内向孩子相比，外向孩子更容易拒绝和自己性格不一样的孩子。卡西是一个标准的内向孩子，她有好几个好朋友。有时，她会去同一条街的一个邻居那里，那里有一个大一点的孩子叫米丽安，她会教她织毛衣。她还喜欢去看自己的小侄儿扎克，他还是个婴儿呢。扎克正在探索着认识世界，这让卡西觉得非常有趣。卡西还有一个好朋友叫汤姆，一个好动、外向的男孩。他非常活跃，喜欢开玩笑，经常即兴发挥，搞一些有趣的建议，比如，"我们来假扮特工小子吧。我有间谍望远镜，咱们看看他们在另一个院子里到底在干什么？"卡西的妈妈注意到，汤姆来过后，卡西就会变得非常疲惫，所以她不再让他们玩那么久了。内向的孩子常常会喜欢外向的孩子，而且他们在一起会玩得很高兴。但是内向的孩子也需要内向的朋友，否则他们就会非常疲惫，或者感受到要向外向孩子看齐的逼迫感。

外向的孩子会把在内向孩子眼里只是"认识"的孩子叫作"朋友"。金姆喜欢让他的妈妈安排日子让自己在学校里和别处的好朋友来玩。可是，假如他在公园或者其他地方偶然碰到别的孩子，他也一样会玩得很高兴。管他是朋友的朋友，还是亲戚的亲戚，只要玩起来就会玩得非常高兴。外向的孩子倾向于喜欢别的外向孩子。金姆最要好的朋友和他一样活跃、精力充沛。他们一起骑自行车、打球、滑冰。他们一起玩乐，有时也会在玩什么的话题上爆发争吵（"这是最后一次了，以后不玩这个了！"）。金姆长大一些后，他也开始喜欢冗长的谈话，尽管比起内向的孩子来说还是略逊一筹。外向的孩子喜欢在屋子外面玩耍，喜欢玩棋盘游戏，喜欢打打闹闹，也喜欢参加其他许许多多的活动。

谈话方式

如果你仔细观察内向孩子和外向孩子的说话方式，他们之间的差异就会更加分明。当一个内向孩子和你舒舒服服地待在一起的时候，他会表现得十分健谈。有一个 4 岁的内向孩子叫宝拉,她看着我的眼睛问我:"你家里有猫吗?"我回答说:"有一只。""它是什么颜色的?是公的还是母的?"她继续问,然后等待我的回答。我告诉她我的猫叫摩卡,是咖啡色的。接着我问她:"你养猫吗?"她想了想说:"养,它是灰色的,有四条腿,跟我一样。它喜欢在我的床上睡觉,也喜欢睡在冰箱上面。"她继续说下去,把她家猫的所有信息全部倒了出来。

在谈话当中,宝拉的目的是了解她自己或者别人的内心世界。她喜欢在一种轻松的气氛中聊她感兴趣的事情。她倾听、思考,并记住我所说的每一句话。等她长大一些后,她还会喜欢通过谈话来了解她自己和别的小朋友感兴趣的事情。她会珍视与他人的沟通,喜欢通过沟通来了解他人,找到相同点(比如都喜欢养猫)和不同点。

9 岁的哈莉是一个外向的孩子,她经常因为说谎而受到责骂。她确实不能理解妈妈为什么会生气。实际上,她只不过是说说而已。有一次,她对妈妈说:"你知道吗?我要跟安德森一家去野营。"妈妈回过身来问:"是吗?是真的吗?"哈莉回答说:"哦,其实他们还没和我说呢,可是我觉得他们会和我说的。"妈妈回答说:"如果他们跟你说了,你就告诉我一声,然后我们再一起商量。"可是到了第二天,也许哈莉已经忘了她想去野营的事了。

外向孩子说话只是为了好玩。他们会问:"你知道吗?"然后就开始聊体育运动、衣服等等各种各样的事情。他们想到什么就会说什么,从一个话题跳到另一个话题。几个外向的孩子在一起说话时经常互相插话,被打断的一方也不会生气。在哈莉小一些的时候,有一次她问一位女士为什么戴了那么难看的一顶帽子,这让一旁的妈妈非常尴尬,直把哈莉往身后扯。哈莉不服气,说那帽子确实太难看了!外向的孩子常常会喋喋不休地谈论各种事情,不管他们是真的知道还是假的知道。

活动方式

请认真思考下面这句话：在外向的世界当中，内向孩子做任何事情都需要消耗精力，而这些事情基本不会给他们带来精力上的补充。不仅如此，内向孩子还要花额外的精力来消化内部的刺激，这样才能集中精力转换关注外部的事物。外向的孩子则正好相反，他们喜欢外部世界的活跃与喧嚣，那种氛围会让他们觉得非常舒适。他们已经在关注外部事物了，所以就省去了转换所需要的精力。这一差异对内向孩子和外向孩子的社交活动方式以及人们对他们的感觉有着巨大的影响。

我的小孙女艾米丽是家里的小旋风，她总是不停地跑来跑去。有一天下午，我带她到一个购物中心的儿童游乐园，她却好像换了一个人。在大概一刻钟的时间里，她坐在我身后一动不动，像一尊雕塑，两眼呆呆地望着眼前的一切，望着那些欢呼雀跃的小伙伴们。我对她说："如果你准备好了进去玩，就告诉我一下。"她专心地看了一会儿，然后转过身来对我说："我准备好了。"随后，当她试探着和他们一起玩的时候，她总是不断地朝我的方向望过来，默默地从我的反应里寻找安慰。我曾经很多次带她的姐姐凯蒂到这里来玩过，她是一个外向的孩子，她一进去就会玩得非常投入，根本不会朝我这里看一眼。

在内向的孩子与他人的接触当中，你可以帮助他管理、善用他有限的精力，教他事前储存精力，同时限制活动的数量，别让他在表现出疲惫的时候还留在人群中间。大多数内向的孩子都能坐上很长一段时间，比如去礼拜堂或者外出用餐。他们还能安静地玩更久。有时，一个内向的孩子也会变得比较活跃，静不下来，但尽管他看上去玩得很高兴，他还是需要空间和安静的气氛来补充体力。

你需要帮你的孩子认识到，究竟是什么东西让他的精力大受损耗。比如周围有太多的孩子，太吵，天气太热，时间太紧，或者心里拿不定主意，感到失望等等。他可以学着休息一小会儿，暂时到人群外面清醒一下，或者把不容易处理的事情往后推一推，或者跟你聊聊他所遇到的困难，或者只是去散个步。

孩子的社交能力是如何发展的

> 朋友是你为自己寻找的亲人。
> ——厄斯塔什·德尚（Eustache Deschamps），14世纪法国著名诗人

对每一个孩子来说，发展社交能力都十分关键。研究者认为，婴儿的大脑是在与看护者进行互动的过程中获得发展的。孩子对社会的知觉开始于家庭，然后在一到两岁期间向外扩展。内向的孩子堪称天生的观察者，即便是在很小的时候，他们也会仔细观察别的孩子。长大一些后，他们开始锻炼和实践正在发展中的社交技能，以便和他人结成友谊。实际上，交朋友是一个非常有挑战性的复杂过程。它需要多次试验、受阻和碰壁。社会交往能力需要循序渐进的建立和发展，需要花费很长时间。内向孩子会逐渐在家庭以外培养起自己的朋友圈子。在相对安全的家庭生活当中，内向孩子可以练习给予和索取、分享权力、同理心、决断力、妥协以及面对拒绝的能力。当他们有了一定的基础之后，他们就能在家庭以外施展这些技能了。

让我们来看看，在不同的社会能力发展阶段，孩子们的具体表现应当是什么样子的。

1~3岁

在这一阶段，孩子开始检验自己的独立能力。他们不断挑战限制，希望用自己的方式来探索外部世界。他们对别的小朋友产生了兴趣，但表面上看他们在一起玩，实际上是各玩各的。内向的孩子往往不容易脱离父母的怀抱，这个过程要持续一段时间。在这个年龄段，内向的孩子

也没有外向的孩子那么爱发脾气。不过，由于这些孩子已经有了自己的想法，所以当他们决定要拥有某件东西或者做某件事情的时候，他们也可能会表现得十分固执，甚至大发脾气。

为了帮助孩子发展社交能力，你需要帮他组织一个玩耍的小伙伴群体，或者带他去上课（比如教唱儿歌的课程），或者带他去公园，让他体验各种各样的生活场景。你们可以去花园，乘坐渡船，或者在推车上蹦蹦跳跳，也可以参观动物园、水族馆等小孩子喜欢去的地方。注意不要待得太久，也不要让孩子接受过多的刺激。到达新场所、遇到不熟悉的孩子时，一定要让孩子慢慢适应，这是一个需要作大量练习的年龄阶段。

记住，在玩耍的时候，小孩子需要大人来帮一些忙。当孩子需要休息或安静一小会儿的时候，让他知晓这一点。鼓励他和别的小朋友互相谦让。提醒他多使用语言进行交流，而不是用手抓、用嘴咬、用脚踢。在孩子累了、饿了、心情烦躁的时候，他有可能表现出上面这些行为。如果别的孩子抢了他的玩具，鼓励他主动表达自己的不满。在社交环境当中，维护自身利益的能力能让他更坚强，更有安全感。玩耍即将结束时，鼓励他们做一些安静的活动，比如读书或者绘画，以便让他们逐渐适应游戏时间的结束。

在一岁零八个月到两岁期间，孩子会发生巨大的变化，他们的社交兴趣会大幅度增长。他们开始互相模仿，如果一个孩子从一只箱子上面跳了过去，那么别的孩子也要从箱子上面跳过去。研究者认为，这种情形是社会互动的开始：你来我往，相互应对。通常，在认识新朋友、新群体，适应新环境的时候，内向孩子要比外向孩子显得稍迟疑一些。不过，尽管融入得较慢，他们还是喜欢观察别的孩子。所以，放手让孩子观察也是让孩子逐渐熟悉社交场合的好办法。他们不需要加入其中就能通过模仿学习相应的行为。

几个月前，我带我内向的小孙女艾米丽去参加了一个音乐班，那里有十几个一岁半到两岁的孩子。艾米丽喜欢音乐，也喜欢跳舞。我的想法是让她到那群孩子身边，逐渐适应一群孩子玩耍的氛围，最终从中获得乐趣。上过几次课后，当我们再到音乐班的时候，艾米丽未到门口就会兴奋地大叫起来，她等不及要冲进去，脱鞋，然后敲鼓。

在上课的时候，艾米丽总是坐在我腿上，或者靠墙站着，同时直勾勾地盯着别的孩子。她也时不时地加入进去，但不像别的孩子那样充分投入。有时，她也会让人眼前一亮，一个人在那里唱歌，或者大声说起话来。她的参与程度取决于她当时的精力、孩子的多少以及她对活动的主观感受。如果她周末玩得很凶，周一就会参与得少一些。她通常在别的孩子取出乐器或把乐器放回去的时候，或者在别的孩子说"收乐器啦，收乐器啦"的时候加入进去。不过，和大多数内向孩子一样，艾米丽总是会有一些独到的发现，比如姓名标牌！她喜欢把别的孩子的姓名标牌抢走，然后一边伴着音乐的节奏扭动身体，一边把标牌拍到墙上，脸上满是得意的神情。不一会儿，她就掀起了一阵抢标牌的热潮，所有孩子全部加入其中。

在两到三岁之间，孩子开始表现出社交方面的偏好，他们常常喜欢一个孩子胜过其他的孩子。为孩子找找他比较感兴趣的玩伴，或者是那些喜欢和他玩同一个游戏的孩子，比如搭积木、扮演角色等等。每周举行一次小型群体游戏更有利于小孩子和其他同龄的伙伴在玩耍的同时学习社交技能。为你的孩子和他喜欢的伙伴组织"玩伴日"，认真对待他们之间的友谊。玩的时候，给他们每人一只杯子、一个球或者一个小鼓，因为在这个年龄段，学习模仿比学习分享更重要。和孩子聊聊他的小伙伴，比如"贾斯汀今天来玩，要不要把你喜欢的玩具收起来一些"？（是的，有一些玩具是不能拿来分享的，这样做是有好处的。）在玩耍当中，内向和外向的孩子都需要大人的监护，一边教他们学会轮流玩玩具，一边引导他们作更好的交流。

注意：来玩的孩子不能太多，也不要过多地把孩子暴露在社交场合之中，这会超过他承受的限度。另外也不能玩太久，活动之间的转换也不能过于频繁。

4~5岁

通常，4岁半是以下行为的高峰期：上厕所时说话、吹牛皮、夸大其词、情绪不稳定。内向孩子的个性可能会突然转变，让父母感到意外。他们可能会变得非常不可理喻，他们的顽固不化也可能转变为反抗。同时，他们也开始觉察到情感上的因果联系："如果我打姐姐，那么姐姐和妈妈都会生气。"这种现象一般会在5岁左右平息下来，孩子们之间的友谊也更加稳固。他们开始学着和另一个孩子或者和更多的孩子一起玩。虽然他们仍然和异性的孩子一起玩（尤其是在角色扮演或想象游戏当中），但此时他们也已经开始表现出与同性孩子一起玩耍的偏好。

在气氛和睦、合作性的游戏当中，内向的孩子会表现得更好。刊载于2002年《小学杂志》（Elementary School Journal）的一项实验研究了小孩子在讨论不同观点时的言语表达。研究者得出结论：当意见相左时，内向孩子给出的评论更具合作性，而外向孩子的评论更有针锋相对的意味。

在这一阶段，你应当继续帮助你的内向孩子融入社交环境当中。规律性地组织"玩伴日"，找孩子熟悉的伙伴来玩，为他提供足够多的玩耍经历。有时，你也可以找他不熟悉的孩子来，但前提是要让他事先知晓将会有别的孩子来玩。你也可以借此机会来告诉他，别的孩子玩起来可能是另一番模样，让他试着慢慢习惯他们的玩法。

在这一年龄段，你可以用一种特殊的方式来组织"玩伴日"。在他的小伙伴到来之前，你可以设定一个宽松的游戏节目单。等他们来了以后，你可以让你的孩子挑选2~3个游戏或者几个想要玩的玩具。告诉他，他和他的小伙伴应当轮流玩这些玩具。如果发生了争抢，你就找一只厨房计时器来帮忙，每人玩10分钟。如果计时器也不管用，你就可采取对事不对人的态度把玩具拿走。你也可以允许他独占特定的几个玩具，只要他愿意。现在，你还不能要求他把所有的玩具都拿出来分享。外出短途旅行的时候，给孩子找一个同伴，以便帮助他建立友谊。

4岁左右，小孩子开始形成随机的伙伴群体。如果看到小孩子成帮结伙地跑来跑去，你就会发现他们在游戏时会有更多的配合。他们可能停下来寻求妥协，也可能发生吵闹。这种随机的伙伴群体不会存在很久，但是在存在期间还是很有乐趣的。

现在，内向的孩子已经开始学着加入到伙伴群体当中了，它往往意味着一种物理性的、身体性的加入。教你的孩子寻找面善的伙伴，向他点头或者友好微笑，以此来加入到群体的游戏当中，然后再模仿那些孩子的行为。比如那些孩子正围着滑梯转圈跑，你就可以让孩子加入进去，跟着他们一起跑。如果那些孩子从一块石头上跳下来，你的孩子也可以跟他们一起跳。鼓励孩子通过询问对方所需来避免和解决冲突。

注意： 一次不要请太多的孩子来玩。开始的时候，每次玩的时间也要短一些。随着他们玩得越来越好，再把时间逐渐延长。这样做的目的是，让孩子以一种舒服的方式锻炼社交能力。

6~8岁

孩子到了这个年龄，他们的个性会变得更加复杂。他们有热情和合作的一面，同时也有专断和难处的一面。他们正在学着平静下来，学着关注互动过程中的各种信息和线索。他们正在努力理解角色，并开始与同性的家长产生更多认同。他们能够在大人不在场的情况下解决冲突，但要记住的是，现实在他们眼中仍然是幻象与真实的混合体。

学龄期的内向孩子与礼貌的外向孩子比较相像。不过，内向的孩子需要花费大量精力来处理比先前更复杂的人际关系。这是一个父母努力帮助孩子找到他们的社交方式，并在其中不断试验和犯错的时期。在一些时候，孩子需要父母的鼓励来实际体验如何面对不同的人和情境。在另一些时候，父母又需要后退一步，甚至建议孩子取消对别的孩子的邀请，以便让自己能够有时间平静下来。

帮孩子报名参加一些能够释放他能量的活动，比如艺术、舞蹈、科学、武术或者音乐方面的活动。找几个喜欢安静的孩子来和他一起玩。5岁是孩子的"社交年"，到那时，内向的孩子往往会有一个最好的朋友。如果不是这样，就请他的老师帮他找一个合适的搭档。先安排短时间的游戏日，如果情况不错，再安排稍长时间的游戏日。在游戏中注意搜寻搭档成功的线索，比如，他们喜欢玩同样的游戏吗？他们看上去高兴吗？他们能成功处理彼此的差异吗？

在这一阶段，你应当开始协助孩子仔细思考他和朋友之间的友谊。内向孩子有时会被外向孩子所吸引，但实际上，他们和内向的孩子玩得更高兴。"你和安娜经常玩扮靓游戏和过家家，但是你和史黛西好像找不到什么东西玩。为什么？"用这样的方式询问类似的问题能促发孩子思考自己喜欢玩什么游戏，下一次叫哪个朋友来。

对内向的孩子来说，融入群体常常是一个巨大的挑战。鼓励孩子观察别的孩子在各种群体中是如何表现的。在封闭型的群体当中，小孩子扎堆站在一起。他们的身体紧张，也不关注群体外面的孩子，所以群体外的人很难引起其中任何人的注意。在开放型的群体当中，孩子们在一起有说有笑，彼此之间也不会挨得那么近，他们斜倚着身体，看上去非常放松。在这种情况下，要吸引他们的注意并不难。在你的鼓励下，你的内向孩子会学着去观察、模仿，并最终加入进去。你可以提醒他，加入到群体当中常常需要不止一次的尝试。很多社交努力一开始并不会起作用，但下次就会有更好的效果。

注意：不要只把孩子的伙伴限定在他的同学当中，他也可能会喜欢和比他小点或大点的孩子玩。拥有不同年龄的玩伴能让内向孩子对自己的社交能力更有信心，在玩耍当中也会有更舒适的体验。此外，他还能在其中扮演小领导、小跟班儿、大师傅、小助手等角色。

9~11岁

在这一阶段，孩子对权力的感知处于高峰时期，他们比以往更加关注同龄的其他孩子，关注彼此的差异，关注他人好或不好的行为。你可以鼓励孩子认真思考他对别的孩子的复杂情感，以此来帮助他理解人际关系的复杂性。比如，"迈克尔按规则打球的时候我就喜欢他，但他抢球的时候我就不喜欢他了。"

提醒你的孩子注意，一个人待着的时间比同龄的其他孩子多是没有问题的，他也能自由地选择哪些活动参加，哪些活动不参加。同时，他也没必要一个人待太久。决定参加还是不参加时，跟他聊聊需要考虑的问题。最近的活动多吗？这段时间整天都窝在家里，已经成习惯了吗？那里有没有他喜欢的小伙伴？这是养育内向孩子非常困难的一面，你需要不停地跟他交流，促使他权衡参加和不参加的各种利弊：我感觉累吗？我喜欢那里的孩子吗？如果我不去，我的好朋友会失望吗？

尤为重要的是，此时的内向孩子特别需要得到一种归属和被接纳的感受。用"每天前进一小步"的方法来帮助孩子练习扩展人际网络的技能。比如建议他向一个陌生的孩子微笑，写一张鼓励的字条递给一位朋友，跟新来的同学打招呼，为在体育比赛中胜出的伙伴送上祝贺，或者给他人让座等等。事后，询问他具体是怎么做的，然后告诉他，你为他的举动而骄傲。

对内向的孩子来说，群体常常意味着挑战，所以，你要帮助孩子了解群体的类型。比如在外向型的群体当中，孩子们往往是在闲聊一些轻松的话题，每隔5～15分钟就可能有孩子加入或者离开。这样的群体往往处于不断的变动当中。有的孩子觉得烦了就会离开，不然当所有的孩子都烦了的时候，聊天就不能继续下去了。所以，当孩子加入进去而别的孩子正好离开时，不要认为这是自己的原因。比较好的选择是那些每个孩子看上去都聊得很开心的群体，而不是互相争吵的群体。你可以让孩子在距离群体大约一米到一米半的地方和里面的孩子微笑并且对他们的回应做出判断，他们欢迎新来的小伙伴吗？如果孩子加入了进去，他就可以在几分钟之后微笑、点头、听完笑话后大笑，并说出自己的看法了。说的时候话语要简短、干脆、轻松，比如，"嗯，我明白你说的意思。""这种事情我也遇到过。"

12~19岁

这个年龄是集群行为的高峰期，孩子们可能会变得比较粗暴。这时的群体互动和群体压力比较像一个人在一大群人当中感受到的那样。友谊可能会在一夜之间发生变化，这对12~19岁的孩子来说可能非常痛苦，但是内向的孩子更容易受到伤害，变得灰心丧气。他们可能没有意识到，在这几年当中，即便是最受欢迎的孩子也会因为不被喜爱而感到痛苦。内向的孩子需要你来帮助他们理解这种群体性的思维方式，否则他们就会变得孤僻起来。鼓励你的孩子与其他的许多孩子保持一对一的友谊。群体之外的一两个好朋友能够给孩子带来极大的安慰。

十几岁的内向孩子常常能在家庭以外找到一个为他们所欣赏的角色榜样，比如老师、父母的熟人，甚至是他们在书上读到的人物。成长当中的内向孩子需要搜集各种各样的资源来帮助自己实现自尊和自我意识的建立及维持，这一点非常重要。

下面是一个十几岁的内向孩子对自己社交生活的感受：

在聊天的时候，我觉得我必须努力去获得别人的关注，这消耗了我大量的精力。我确实仔细思考了我要说的话，也作足准备努力说了出来，可是他们常常忽视我，这让我很泄气。很多时候，我说完以后，别的同学甚至是大人继续说他们的话，好像我什么都没有说一样。可是过了一会儿，一个家伙说了跟我说的一模一样的话，众人却开始回应他。这是怎么回事？我到底哪里做错了？在回家的路上或者在第二天,我会想出回击那个自作聪明的同学的话,或者想到对之前老师在课上提问的回答。可是在我需要的时候我怎么想不起来呢?是我的记忆力不好还是我比较笨呢?

我的朋友约翰说我待人有点冷淡,我不明白他为什么那么看我。我想,我有时候是安静了些。跟很多人在一起的时候,我的大脑有时候会一片空白。我喜欢一个人待着。我知道,当我努力集中注意力讲话的时候,我常常面无表情,或者眼睛往下看。但我真的不是不喜欢别的孩子,我喜欢跟他们聊天。我希望他们不要把我看得那么"神秘",我其实一点也不神秘!

上面的例子反映了社会对内向孩子的看法。他虽然非常在意他的朋友,但有时却要努力寻找心理上的平衡,而且让他大惑不解的是,他在别人眼中竟然是不友好的。

你的孩子可能在很多方面都已经独立了,但他仍然需要你来帮他分析伙伴的行为和态度。鼓励他,帮助他锻炼社交能力,不要批评他。对于年龄较大的内向孩子,你可以向他们解释,每个人说话的方式不同,对友谊的期待也不同,这会让他们在路上彼此撞见时不会发生麻烦。

许多内向的孩子都心地善良,而且他们相信别的孩子也是这样。好朋友不会今天对你好,明天对你不好。好朋友关心你,包容彼此的差异,并愿意就此展开讨论。当内心善良的孩子们愿意维持友谊时,他们就会找到问题的解决方式。你可以教孩子清晰地陈述自己的愿望,鼓励他把自己的想法大声地向他的朋友们表达出来。同时,你也要提高他倾听对方需要并一起商量解决办法的沟通技能。这样,孩子就能仔细倾听,然后认真思考对方说了什么,并进一步找到解决方案。你最好尽早培养他这方面的能力,这非常重要。以后他开始约会的时候,他就能辨认出品质良好的孩子。

教你的孩子学会尊重自己的感受。如果他有不安或者不确定的感觉，那么这一定是有原因的。如果他觉得情绪低落，或者受到了忽视，那么很可能是他的朋友正在考虑他所说的话。让孩子认识到分辨自己感受的重要性。当他感到心烦意乱的时候，告诉他怎样做才能平静下来，然后把注意力集中到问题的解决上面。一旦分辨出内心的感受，内向的孩子通常都能找到解决办法。接着，你就可以帮他把问题梳理清楚，同时理解他想要的东西到底是什么。客观并能帮他理清思维和感受的谈话是最有帮助的。比如，"听起来好像你更喜欢和安迪玩。""你担心他已经和别人约好了，是吗？""如果他已经和别人约好了，想想还能叫谁来呢？"

报复心理是一种非常有破坏性的社交动机。在中学期间，这一心理开始蠢蠢欲动，它的目的在于伤害他人。在这种心理状态下，争斗的重要性已经超过了事情本身，感到威胁和恐惧的一方可能会把外界视做战场。他们一心通过报复来使失衡的心理得到恢复，而不是通过相互的让步来化解矛盾。告诉你的孩子，让他小心那些到处"寻仇"的孩子，离他们远一点。

对青春期的孩子来说，他们的群体互动和群体结构会变得更加复杂，但万变不离其宗，原理还是一样的。如果你的孩子想加入到别的孩子当中去，最好选择前面提到过的开放型群体。记住，爱说的孩子需要听众，如果别人能表示出一点兴趣，他们会非常感激。还要记住的是，社交群体并不能长期维持，他们可能会分裂为几个更小的谈话小组。你还需要教给孩子的是，当新进入一个群体时，要避免提出异议，先声夺人，转换话题，或者询问与他人无关的私人问题。

注意： 不要逼迫孩子在学校交朋友，或者参加学校的每一项活动。一个安静的孩子已经能感受到社交的压力，他们往往不希望自己如此安静。而经常讨论交朋友的话题只会让他们觉得自己的缺点更严重。内向孩子时常希望自己能更加外向一些。有时，从伙伴的身边离去对内向的孩子来说并不容易，即使他们已经觉得自己有点累了。在另一些时候，他们会因为社交的压力而待在群体当中，这样就能逃开身为"局外人"的恐惧。这时，你需要让你的孩子放心，让他知道，他有足够多的机会重新加入进去。

内向的孩子凭借共同的兴趣与和谐共处来建立友谊。鼓励孩子重视有意义的友谊，而不是向别人那样把谈笑作为社交成功的核心标志。

> **本章重点**
>
> ◎ 内向孩子和外向孩子拥有不同的社交能力。
> ◎ 内向孩子喜欢建立亲密、长久的友谊，喜欢深入的谈话。
> ◎ 告诉内向的孩子，社会交往是有诀窍的，并且诀窍是可以学习的。

第 13 章

鼓励孩子强化社交技能

> 通过练习,即使面对困难处境,也让孩子能做到沉着和自信
>
> 好朋友喜欢你的名字,他会用艺术字来写它。
> ——艾米丽·巴内特(6岁)

尽管不少父母认为他们管不了孩子交朋友的事情,但是有一点要确信,你可以对内向孩子的社交能力产生巨大的正面影响。毕竟,孩子是从与你的日常接触当中学会与他人打交道的。帮助孩子强化社交技能的重要方法是发现并重视他的社交天赋,以及理解他在社交方面的弱点和挑战。你可以通过现身说法来把社交技能教给孩子,同时增加他应对所有社交场合的自信。假以时日,你的孩子一定会掌握这些社交技能,让它们成为自己的财富。

融入群体

> 与其说是交朋友,不如说是认识自己。
> ——加思·亨德里克斯(Garth Hendricks),美国作家

说起正在适应社会的内向孩子，就不能不提融入群体的过程。内向的孩子需要时间来考虑即将发生的事情，以便让自己做出适当的调整。我在第2章谈到过，内向孩子使用的脑神经回路会预先计划一系列的行动，然后在未来的假想情境中评估行动的结果。为了让融入的过程更顺利些，你可以帮孩子做好进入社交生活的准备。孩子需要认真考虑即将来临的事情，储备精力，然后把注意力切换到外部世界。他对未来的事情了解得越多，他的精力消耗就越小。如果你不帮他准备，他就可能会把精力花在为未来担忧上面。他也可能建立一些预期，但如果未来并不如愿，他就只能感受到失望。比如："本，你还好吗？你看上去有点难过啊。""我原来想诺阿会和我一起去游泳，但我不知道他要参加足球训练。"这时，如果你知道孩子在期待什么，你就可以澄清误解，最大限度地减少他的失望。比如："真不巧，我们来看看诺阿的日程安排吧，看了就知道他下一次什么时候能有时间陪你去游泳了。"如果你不问，就不会知道他在想些什么。

平时，你要经常性地提前1～2天告诉孩子，接下来会碰到哪些事情。"玛利亚，你知道吗？后天爷爷奶奶会来看你。"日常生活发生变化时，比如有人来访，内向的孩子会用很多种方式来应对，这取决于他精力的充沛程度、他与客人相处的舒适程度以及他在同一时刻面对的其他事情。客人会带来很多纷扰，内向孩子要消耗大量的精力来适应喧闹的场合，就算客人是他喜欢的人，结果也同样如此。除此之外，家里的其他人也要消耗他更多的精力。

把未来的日程安排讲出来能够减少内向孩子对未知的焦虑。"我们把他们来的日子在日历上标出来吧。"做完这一步后，你可以提议列一张购物清单或者事务清单（比如制作巧克力饼干），以便将来招待他们。让孩子画一张画，内容是客人来之后他们一起玩的场景。内向的孩子常常能在头脑中形成画面。如果你能帮孩子把画面的内容转化为一种未发生的新鲜体验，他就能更好地面对即将到来的事情。（"你还记得他们上一次来的时候我们干什么了吗？我们去儿童博物馆了。看了你画的画，我觉得这次你想去动物园了。"）有时，你也可以问问孩子，他对客人即将到来这件事有什么想法。一个孩子曾经告诉我说："我喜欢爷爷和奶奶来，可是他们一来我就不能睡我自己的床了。"得知这一点后，你就能通过改变安排来避免麻烦。

和孩子一起设定一个暗号，比如打手势，等他需要休息一会儿的时候，他就可以做出相应的手势，比如竖起大拇指。有时，当他的精力直线下降时，这种需要是突然出现的。有了这个办法，孩子就不会突然发脾气了。

除了让孩子了解即将发生的事情以外，你还可以做更多的事情，最好让他事先了解更多的具体信息。比如你们即将参加一场大型家庭婚礼，这时，你就可以把那天将要到场的主要客人以及你和这些客人的关系告诉孩子。同时，取出照片让孩子认识他们。"看到这个姐姐了吗？她是我的侄女安妮，她是那天的新娘子。从前，我和她常常溜下楼去吃冰激凌。"让内向的孩子事先在脑海中浮现出一幅图景是非常有帮助的。当他们了解到即将到场的人的具体情况之后，他们还会问更多的问题。等到那天到来时，如果孩子对即将出现的人心知肚明，他们就会消耗更少的精力，也不那么容易焦虑了。

如果那天还会有其他孩子到场，你就可以准备一些小玩偶来让孩子分给他们，以此来打破僵局。几个墨西哥跳豆，一只有弹性的蜥蜴，或者一架小玩具飞机，它们都能迅速地消除尴尬，让孩子们打成一片。还有一种类似的方法可以运用于非正式的场合，我把它叫作"蜜糖玩具"，用来吸引孩子，就像蜂蜜吸引蜜蜂一样。"蜜糖玩具"能把其他孩子吸引到内向孩子的身边，这样他们就更容易结成玩伴了。当我带我的孙女去社区游泳池玩的时候，我在水面上方吹了许多"不易破裂"的泡泡。结果在很短的时间内，所有的孩子都聚拢了过来，争着抢着去拍打那些闪闪发光的泡泡。我还有一塑料箱子的"宝藏"，我把它们放在池底，以便让孩子们扎进去玩。当时有个孩子叫克里斯托弗，6岁，他平常融入新群体很慢，但那天几乎立刻就和另一个同样喜欢"宝藏"的小女孩玩了起来。眨眼的工夫，他们就成了"加勒比的海盗"，接着又在水里拍打着玩了好几个小时。

后见之明

与事前计划相比，事后分析的意义也同样重大。参加完一项重要的社交活动之后，你和孩子可以利用第二天的时间做个总结。在他比较放松的时候，和他一起聊聊，帮他理顺心里的想法和感受。如果放弃这个机会，他就可能会得出一些错误的负面结论，并且无法从自己的经历中学到东西，而且将来还可能会逃避社交活动。内向孩子的反馈系统与内心判断的结合会产生强大的"后坐力"，内心里过多的自我批评会让孩子灰心丧气，这会妨碍他将来从社交活动中获得乐趣。在平常和孩子的谈话当中，你可以问他："现在你有时间好好想一想了，昨天晚上玩得怎么样？""挺好的，"艾比回答，"我觉得我说得太多了。"（当他们最终开口之后，这常常是他们关心的问题。）"真的吗？你的朋友们不喜欢你说的话吗？""不是，我不觉得，可是我觉得说太多话有点傻，而且那么多人看着我，我觉得不舒服。"这时，你就可以尝试改变他的想法："我觉得，如果别的孩子看着你，那是因为他们对你说的话感兴趣。"

尤其在内向的孩子感到恐惧和紧张的环境当中，他们更倾向于关注负面的信息。内向的孩子以听觉学习系统为主，这使他们更容易接收和储存负面经历。而且，由于他们的情感反应较为缓慢，所以当他们处于紧张和接受过度刺激的状态时，他们可能会误读其他孩子的反应。当孩子的心情平静下来时，你可以帮他重新分析之前的场景，这样他就能对先前接收到的反馈形成更加准确的认知。我曾经为内向的孩子解释过这些事情，他们一开始的感觉是"都是我的错"，可是到了最后，他们的

> **开始谈话**
>
> 即便对于成年人来说,开口说第一句话也是社交中非常困难的一件事情。所以,你要教孩子打开话题的方法。下面这些易于回答的问题传达了"我愿意了解你"的信息,并且鼓励听者用肯定的方式作答;否定性的回答容易导致谈话的终结。通常,谈论当下的事情是最佳的谈话方式(比如,"杯子里的水够热吗?")。询问另一个孩子的意见也是不错的方式(比如,"你喜欢荡秋千吗?""你为什么要学空手道?""昨天老师是怎么评价那部电影的?我没来。")。另一个较好的方式是谈及共通点(比如,"嘿,我的星际大战衬衫和你的一样,你是在哪儿买的?")。

看法变成了"我想事情可能没那么坏,我毕竟得了第一名"!嗯,这一点也不夸张。

进一步帮助孩子

你能做的帮助孩子强化社交能力的非常重要的一件事情是对他人表现出兴趣。友善对待你所遇到的每一个人,包括那些陌生人。试着记住孩子小伙伴们的名字,并向孩子询问这方面的事情。正面评价你自己的朋友,给予他们真心和名副其实的赞美。当孩子的小伙伴来家里玩的时候,你要为孩子展现出良好的社交技能,同时鼓励孩子当好主人。例如,你可以提出一些可能的活动建议,并且和孩子一起在客人到来之前准备点心。你们也可以制订一套备选方案:如果他们不喜欢玩预定的节目,或者玩腻味了,那时还能做什么?以下是你能在社交方面帮孩子做的其他事情。

不要总觉得是自己的错

内向的孩子倾向于把冲突埋藏在心底，也容易把责任算在自己头上。一方面，这是一种优点，这使他们不会因为自己的缺点而责怪他人，也能促使他们从经历当中获得成长和改变。同时，这也意味着他们知道自己在意什么，对什么东西感兴趣。不过另一方面，他们过于注重自己头脑中的想法，总是把不好的事情归到自己头上，这会让他们觉得，这些不愉快的事情只是发生在自己身上。比如，"我回答了问题，可是老师根本就不理我。""我当时什么都想不起来，不知道说些什么。""我是一个不受欢迎的人。"我接触过的内向孩子大多认为，只有自己有问题，别人都没有问题。你可以帮孩子改变这种印象。

和孩子一起聊聊，对于他的社交生活，哪些方面他能控制，哪些方面他不能。比如说别人的行为，这一点他就无法控制。但他还是可以学习、了解那些比较普遍的社交模式和社交反应。帮孩子把他内心里进行自我批评的声音调低，这样他就不会为了孩童时代正常的拒绝而责备自己了。你要告诉你的内向孩子，他们可以选择自己的行为，也可以选择去信任谁，这是至关重要的一点。这样他们就能认识到自己到底需要什么样的朋友，以及怎样把这些朋友挑选出来。你也要让孩子放心，让他相信，他本身就是一个非常称职的朋友。有些孩子可能需要其他类型的朋友，但这并不是孩子的错，而且或许有一天他们还会改变想法呢。

你的孩子能够选择的是，他愿意在何时、在多大程度上参与社会交往。与外向孩子相比，内向孩子感受到的社交压力和凡事都要参加的需要一般要更小一些。对他们来说，更重要的是他们的精力能否支持他们参与那些活动。奥莉薇邀请她的朋友阿什莉星期六到她家参加"玩伴日"，当晚她还表演了一个钢琴独奏。星期日，萨拉邀请奥莉薇到她家吃午饭，然后和她的家人一起去看电影《星际大战》。可是奥莉薇并不想去,她的妈妈问她为什么。奥莉薇说,萨拉家的人太多了,和他们一起出去的话,如果自己累了,她怕人家不让她走。她的妈妈帮她取了一个折中的办法,她会去吃午饭,但电影就不看了。

摆脱过于"宅"的状态

"来吧,瑞恩,我们走吧!瑞恩……瑞恩,快点走吧!"瑞恩的妈妈有点着急上火。"我不想去。"11岁的瑞恩看着妈妈,好像已经把他的新朋友整个儿给忘掉了,他说,"那本书我还没看完呢。"大多数内向的孩子都比较宅,对他们来说,家就是避难所。家是熟悉的地方,能让他们有稳定的精力来陶醉在自己感兴趣的事物当中。内向的孩子很容易受环境影响,在刺激很多的地方,他们的脑袋就转不动了。离开家的感觉是比较痛苦的,这时你可以给他一个小提醒:"瑞恩,我们15分钟以后出发。"如果孩子已经比较大了,你就可以找保姆或亲戚来时不时地陪他待在家里,也可以让他一个人待着。

对内向的孩子来说,要让他们愿意出门并不是一件容易的事,而这也会对他们的社交生活产生巨大的影响。比方说,不管他们愿意不愿意,有时候他们必须得到外面去,这样就会出现一种讨价还价的局面。你可以这样说:"你在家待一上午了,下午跟我去约翰叔叔家吧。我知道你不想去,不过你肯定会和你的小堂弟玩得很高兴的,我打赌。"注意他下午过得怎么样。过后,不要迫不及待地说,"我说你会玩得很高兴吧。"你还可以用下面的话来引发他思考,"有时候作决定并不容易,是不是?你想待在家里,可是你出去了,你也玩得挺高兴的。"下一次孩子不想出去的时候,这样的经历就能鼓励他走出家门。

随着孩子逐渐长大,你可以提醒他思考一下,到底是出去玩高兴,还是待在家里高兴。过多的社交活动会让人精疲力竭,但如果长时间待在家里,即便是内向的孩子,也会觉得出去玩玩或许也是不错的选择。在家里待太久会让所有的孩子失去活力,然而对内向的孩子来说,你可能还得提醒他认识到这一点。

帮助孩子选择朋友

内向孩子能在别的孩子身上发现他们喜欢的品质,并且找到适合自己的伙伴。他们可能需要各种各样的朋友。而且,在不同的年龄阶段,他们也可能改变所交朋友的类型。和你的孩子说说你对他的朋友的印象,也问问他对朋友的印象。"我发现你和卡西很喜欢一起玩过家家游戏,而且她很擅长扮演妈妈。""孩子,那天你和凯文聊宇宙飞船聊得挺投机的,你说的话他基本上都记住了,你注意到没有?"这种类型的谈话能帮助孩子了解他的朋友,而且能为他将来找到更好的朋友打下基础。

内向孩子最好能有一两个同样内向的孩子做朋友。对他们来说,朋友即意味着相同的步调和随意的聊天。等到他大一些的时候,一个外向的朋友就很有意义了,他能让内向的孩子放松心情开口讲话,也能让他的冒险精神得以释放。不过,当内向孩子和外向朋友相处时,他们确实还得关注自己的精力够不够用,并且随时准备要"先走一步"。如果在内向孩子的身边聚拢了一大群外向的孩子,那么这些内向孩子很可能会觉得不舒服。他们所能关注的范围比较狭窄,不喜欢一聊就是很长时间,他们也容易和别人发生争执。

架起沟通的桥梁

我曾经开车从学校接一个朋友的孩子回家,他叫赞恩,当时8岁。路上,我们得去我的另一个朋友那里送一件礼物。我跟赞恩说,送礼物不会耽搁很久,但是要花几分钟打个招呼。赞恩说:"我不喜欢见陌生人,我可能表现不出高兴的样子。"听到这话,我安慰他说,这样也没有关系。我从前就知道他的性格。可是随后,他的举动却让我吃了一惊。他和我的朋友相处得非常愉快,他不仅问了一大堆关于她的狗的问题，还对她家里的其他东西表现出了浓厚的兴趣。

过后，我想了想这件事才发现，赞恩把不舒服的事情讲出来竟然有减轻压力的作用，结果不舒服的感觉就消失了。这样一来，赞恩就获得了他所需要的心理空间来帮助他与陌生人接触。他说出了他担心的事情，我也表示了接受。这时，他对我说的话就变成了一座桥梁，桥的一边是对陌生人的排斥，而另一边是他们聊得很高兴的结果。

对内向孩子来说，见陌生人很可能是一件很困难的事情。以下几种方式能够让你帮助孩子建立起沟通的桥梁：

● 抱抱孩子（或者拉拉他的手，要么亲昵地碰碰他，根据孩子的年龄选择你的动作），接受他有点紧张的现实，让他安心。

● 一边和孩子交流，一边与陌生人愉快地谈话。

● 跟和你谈话的陌生人说："蒂姆见了陌生人得适应一阵子。"

● 永远不要在他准备好之前强迫他表现得友好。

● 在可能的情况下，一次不要让孩子见到太多的陌生人。

● 让孩子多接触邮递员、售货员、邻居和熟悉的人。

● 让孩子与活泼、友好的陌生人会面。

● 不要过早干涉孩子，不要打扰他。掌握好主动引导和放手让他探索的平衡。你可以先来个开场白："你也喜欢看那个电视剧，不是吗？"

欣赏他们的社交天资

大多数内向的孩子都是天生的倾听者。善于倾听是建立友谊所需要的最重要的素质。也正是因为这一点，内向的孩子长大以后才更多地从事需要很强人际技巧的职业。告诉你的孩子，让他知道他有一对"威力无比"的耳朵。让他知道，你很喜欢他听你说话的样子。你还要对他所听到的、记住的东西表示接受，"我知道你记得，杰克对草莓过敏。"夸奖他能理解他人的感受，"你是一个称职的朋友。"或者"你听得真用心，我真高兴。"此外，你也要注意孩子提出的问题，内向的孩子通常都很有洞察力。

你的孩子是左脑占优势，还是右脑占优势？在交谈当中，这一点很容易表现出来。右脑占优势的孩子更善于体察他人的情感，对他人的感受也更为敏感。"你知道安博的长尾鹦鹉怎么了吗？"卡莉问我，然后她继续说，"它吃了毒蘑菇，死了。毒蘑菇是在他们把它从宠物店里拿回家之前吃的。安博觉得是他不小心把鹦鹉给弄死了，可是宠物店的人说，鹦鹉不是他弄死的。他们又给了安博一只鹦鹉，可是安博还想着艾尔，他管那只鹦鹉叫艾尔。我跟他说，以前我的小仓鼠死了的时候，我也很难过。"

右脑占优势的内向孩子可能会有很高的情商（EQ），他们能站在别人的角度考虑问题，这种能力也被称作同理心，或者叫共情。有了这一优势，内向的孩子就能设身处地地了解其他孩子的想法和感受。这样一来，他们的朋友就会觉得，自己得到了倾听和理解。对友谊来说，没有什么东西比理解更有力量了。

如果你的孩子并不善于倾听，也没有多少同理心，他就有可能是左脑占优势的内向孩子，他可能会喜欢就事论事的讨论。这时，你要教他用一种比较独特的方式来回应他的朋友，而不只是简单地重复朋友说过的话。教他注意别人话语的主旨和与其相伴的情绪。当和孩子在一起的时候，你可以教孩子一些方法读懂他人。"你觉得阿什莉当时是一种什么感受？""她看着我，好像很难过。""嗯，我也是这样想的。那你觉得她为什么要难过呢？""我想是因为，她的狗生病了。"

内向孩子天生的脑神经回路能够运用位于大脑右侧前叶的高级情感系统，那里是了解他人情感和心理的智能中心。理解他人感受、揣测他人意图的能力对一个人至关重要。不过，只有当内向的孩子充分了解了自己的情感和体验之后，他们才能激活注重情感的脑神经回路。父母们可以通过做游戏的方式来帮他们打磨这一能力，这些能够让情感"触角"变得更加敏锐的游戏有"猜心情""猜想法"等等。"当我说起我今天遇到的事情时，看看你能不能猜出我现在的心情，还有，我最在乎的那个东西是什么。"做完后，交换角色继续做。让孩子练习体会你在一天当中的想法和感受，然后你再换过来去体会你的孩子。这样做能够让孩子获得一种被看到、被听到的经历。在心理治疗领域，这种经历被称为"感受的经历"（felt experience）。

你也可以在和家人、朋友一起的时候做这个游戏，为孩子演示如何回应他人的想法和感受。安德鲁的朋友叫本，有一天他正在滔滔不绝地说他的新游戏机，声音很大。这时他的妈妈对他说："本，你一定很喜欢你的新机器吧？""是啊，是啊，我太兴奋了！"本一边围着桌子转圈，一边说。所有的人都笑了。然后本和安德鲁就到旁边去玩了。这样做还带来一个额外的收获，就是本变得更加安静，因为他被人理解了。

告诉孩子，性格会影响人说话和做事的方式，同时也鼓励他学学外向的孩子，这就像掌握两门语言一样。对内向的孩子来说，理解外向的孩子非常重要，因为他们占据了人群的绝大部分。同时，这个过程也是潜能得到激发的过程。掌握第二种"语言"后，内向的孩子就能理解外向的孩子在想些什么，并学会和他们打交道。对外向的孩子来说，掌握第二种"语言"也会让他们意识到，有一些孩子是和自己不一样的，这样就扩大了他们对他人的理解。此外，他们还能借此获得那些可能被内向的孩子所忽视的优势。帮你的孩子掌握这两种"语言"吧。

掌握两种"语言"——交谈

和内向的人交谈时，试试下面的做法：

- 语气要慢一些、轻柔一些，必要时停顿一下。
- 允许沉默。
- 使用复杂的句子。
- 身体不要挨得太近。
- 情绪平和一些。

和外向的人交谈时，试试下面的做法：

- 快一点讲话。
- 多用短句。
- 身体前倾。
- 大声讲话。
- 表情要丰富些。

听内向的人讲话时，你最好这样做：

- 专注。
- 不要打断。
- 给出反馈。
- 认识到，他们说出来的都是经过认真考虑的。
- 需要时，说出你不理解的地方，然后等待对方解释。

听外向的人讲话时，你最好这样做：

- 迅速回应。
- 点头，微笑，大笑。
- 认识到，打断他讲话没有关系。
- 给予赞扬。
- 不要把他的话太当真。

享受聚会

任何一个有基本智力和常识的人都会跟人一个一个地打交道，而不是同时跟一群人打交道。

——P.J. 奥罗克（P.J.O'Rourke），美国政治讽刺作家几年前，我带着孙女卡蒂去参加一个4岁孩子的生日聚会。我们到处找那个小女孩，却怎么也找不到。终于，我们在一张桌子的旁边看见了小女孩的妈妈，她正在和桌子说话。卡蒂非常大声地问她："布莱安娜在哪儿呢？"这位妈妈说："她在桌子下面，她不想出来。"哎哟，又是一个害怕聚会的孩子，我想。

孩子们的生日聚会已经成了一件非常重要的事情，而且给人带来很大压力。有的生日聚会过于隆重，现场挤满了数不清的大人和孩子，好像永远都不会停止似的。当有生日聚会来临的时候，你可以帮你的孩子

发展兴趣

内向的孩子能否自信地参与社会交往，很重要的一个影响因素是你能否鼓励他发展自身的兴趣。杰德一直都喜欢电影，也对拍电影非常感兴趣。他在5岁时给电影《哈利·波特》的导演写了一封信，说他长大了也要当导演。7岁时，他的母亲为这位未来的电影大师举办了一场别开生面的生日聚会，他为每一位客人都准备了海盗服。杰德也写了一个小剧本，并和所有的小朋友一起把它表演了出来。杰德的父母用摄像机记录下了演出的全过程，然后拷贝了若干份，并在聚会结束的时候当作礼物送给了所有的孩子。作为回礼，杰德也得到了一架便宜的摄像机。杰德跟我聊起了彼得，彼得是电影《寻找梦幻岛》（半自传体电影，讲述的是剧作家詹姆斯·巴利的故事。巴利是《彼得·潘》的作者，生于1860年。）里一个性格内向的孩子。他写了一个剧本，并且邀请他的三个兄弟参加演出。詹姆斯·巴利非常喜欢彼得，甚至以他为原型创作了小说《彼得·潘》。

今天的父母对孩子的生日聚会更加重视，也更有能力把它办好，但是真正重要的地方在于，杰德的妈妈了解孩子的兴趣所在，而且教他通过兴趣来和别的孩子进行交流。

作一番准备。收到邀请后，你可以和孩子一起聊聊这件事。如果不久后有一连串的生日聚会，你可建议他忽略掉一两场感觉没什么兴趣的。如果他打算去参加，你可在日历上把那天标出来。当你打电话回复请柬的时候，问问将会有多少孩子参加，都有哪些活动。了解完情况后，把这些信息告诉孩子，以便他能在心里做好准备。你可以让孩子帮你挑选礼物，包装，并让他自己制作卡片，这会给他更多的参与感。顺便提一句，很多性格内向的孩子对挑选礼物很上心，他们也喜欢包装礼物的过程。

在聚会当天的早些时候，和孩子一起聊聊聚会的事情。你可以问他："聚会的时间快到了，你感觉怎么样啊？有没有觉得担心啊？"莉斯回答说："我挺高兴的，可就是怕那儿有太多别的小孩。""嗯，如果人多太挤的话，你别忘了中途休息一下。"在聚会当中，确保孩子能休息一会儿，并且一定要吃点东西。提醒他，让他知道紧张是会慢慢消除的，感觉也是会越来越好的。在孩子做好准备之前，不要强迫他去和别的孩子说话。开始的时候，你应当陪孩子一起在旁边观察，以便让他慢慢融入聚会之中。你还可以早一点带孩子到聚会的场所，在别的客人到来之前和主人家的孩子打招呼，同时适应一下环境。在聚会当中，提醒孩子时不时地到安静的地方休息一下，比如到没人的房间去，或者在门口坐一小会儿。如果聚会的时间很长，他可能不愿意在那里从开始待到结束。

在聚会当中，你的态度最好是开放而友好的。如果你和别的孩子聊天，你的孩子也可能短时间加入进来。提醒孩子，如果他觉得自己准备好了，他就可以挥挥手，点点头，或者说声"你好"。等他长大一些后，他会学着对一个看上去比较友好的孩子微笑，然后开始和他说话。

如果孩子还很小，当你为他张罗生日聚会的时候，你就要控制一下人数，生日聚会应尽量办得简短一些，温馨一些。另外，让他来确定聚会的主题和饭菜，也鼓励他参与"劳动"。实际上，这个"准备"过程倒有可能是他最喜欢的。托尼 7 岁了，他的爸爸妈妈打算为他举办一场

所谓的受欢迎

不少父母因为他们的孩子只有一两个朋友而感到非常担心。难道他们不应当有更多的朋友吗？他们应当更受欢迎不是吗？这些父母问。

研究者已经证实，我们对受欢迎程度的先入为主的观念常常是错误的。有趣的是，研究发现，被他人喜欢和受欢迎是两件截然不同的事情。在几个重复性的研究当中，学生们被问及，他们喜欢哪些同学，而哪些同学又比较受欢迎。最后，研究者并不意外地发现，孩子们能够辨认出受欢迎的同学，但是他们也惊奇地发现，那些受欢迎的孩子常常不是受很多人喜欢的孩子。实际上，受欢迎的孩子常常被别人恐惧和怨恨，因为他们总是表现得盛气凌人，而不是友好相处。在别人眼中，他们往往是自私的、专断的，而且是某个群体的小头目。这些观点也印证了其他研究所揭示的原理：高中时期受欢迎的孩子日后并不能很好地发挥自己的潜能。当盛气凌人减少时，友谊就开始增长。等到孩子成年之后，他们几乎不再需要争强好胜

生日聚会，邀请的孩子当中既有内向的孩子，也有外向的孩子。他们在后院里放了一张弹跳垫，又在客厅里放了几只玩具恐龙和一些可以拆装的玩具。这样一来，如果有孩子需要在聚会中间休息一会儿，他就可以到安静的地方去。聚会当天，孩子们跑进跑出，玩得很高兴。其中，有两个内向的孩子在客厅里玩了一会儿玩具恐龙，其中之一就是托尼。

随着内向的孩子逐渐长大，他们可能会喜欢和一两个朋友去看电影，或者参加一些比较特别的活动，比如去海边和滑雪。到八九岁的时候，他们可能会希望和几个朋友到外面玩个通宵。这时，再准备生日聚会的时候，你可能就得把家人的聚会同他和朋友的聚会分开安排了。对我来说，我会常常组织一系列小型的聚会，今天是这几个亲友，下星期就是另外几个亲友。我们对生日聚会和其他聚会的日期安排是非常灵活的。

来与他人相处，他们需要真正的人际沟通技巧，比如倾听、共情、以及对他人观点的尊重。

另一项研究检验了另一条错误的看法：如果你想让别人喜欢你，你就得成为一名交际花。研究显示，受到他人喜欢的孩子实际上比别的孩子更少花时间在社交上。孩子所关注的主要特点是善良，不是"能玩能乐"。

以下两点非常重要，一是知道怎样开始并维持一段友谊，二是了解怎样与他人快乐地协作和娱乐。不过，这并不意味着你的孩子要成为最耀眼、受邀请最多的人物。不要过于看重孩子的受欢迎程度。你只要鼓励他认识一些朋友，参加一些活动就可以了，重点是质量，而不是数量。许多父母把钱花在孩子的运动、学业和其他方面的辅导课上，如果你不重新考虑他们的重要性，你就千万不要忘记在家中锻炼最基本的也是对孩子最有用的社交技能。

内向孩子的约会指南

内向的孩子很注重私密性，他们很怕暴露自己的隐私。与外向的孩子相比，他们初次约会的时间要晚一些，男孩子尤其如此。约会晚的部分原因在于，内向的孩子不易受同龄人的影响。研究发现，即使到了大学时代，内向孩子的约会次数也要少于外向孩子。尽管约会时间比外向孩子要晚些，但内向孩子也一直在考虑这件事，而且他们很可能还有一个暗恋的对象。当孩子喜欢别人或者你发现有别的孩子喜欢他的时候，不要嘲弄他，而是要给他一个积极、正面的态度。"如果你已经准备好了，我打赌你一定会喜欢约会的。""你觉得怎样做才能让约会成功？"自信的内向孩子更容易进入约会当中。在约会期间，你要用尊重的态度和孩子保持对话，回答有关约会和性的问题，同时介绍自己的经验。我接触过一些内向的孩子，他们的父母在高中时的人气非常旺。这些父母为孩子的约会设定了很高的期望值，以为这是在鼓励他们。然而，当父母吹嘘约会如何如何简单的时候，孩子感受到的却是失望和受挫。

青春期的孩子一般不愿意跟父母聊他自己的事情。但是如果他愿意聊，那就是一种美好的体验。我的小女儿是个内向的孩子，她总是有几个大她几岁的男孩子做朋友。不过，她好像对约会这件事并不十分感兴趣，这种情况一直持续到她16岁。有一天，她让我开车带她去购物中心（她18岁才开始开车）。她喜欢上了一个文静的男孩子，想让我见见他。他们说话不多，但是有书信往来。当我们走近一个街边饮料店的时候，我的小女儿说："他就在柜台后面干活儿，那个戴着橘黄色帽子、穿着棕色衣服的男孩子，比我高一头。不要盯着他看！别让他看见我们。"走过饮料店后，我的眼睛都要累坏了，因为我既想看，又不能看。她不断问我："你看见他了吗？你看见他了吗？"我说："我应该是看见了，可是那里跟你说的一模一样的男孩子起码有五个，他们都穿着那家店的工作服。不过我觉得我还是看见他了，他长得挺好的，肯定是个不错的孩子。"那天过后不久，他们忐忑不安地进行了初次的约会，而到今天，他们已经结婚15年了。女儿的选择确实非常明智。

说起约会，最大的挑战恐怕在于鼓起勇气提出约会的请求，这对外

> **潜在的影响**
>
> 跟性格内向的孩子聊天通常是一件有趣的事情，他们说起话来就像大人，因此，他们也成了父母主要的聊天对象。由于不想失去自己的聊天伙伴，这些父母可能会削弱孩子去约会的动机，尽管他们并没有意识到这一点。对此，你也要加以注意。

向的孩子来说也同样如此。你的孩子可能要练习，练习，再练习才能邀请别人去跳舞或者去喝一杯饮料。你可以鼓励他邀请女孩子来家里看电影，因为在熟悉的地方他可能会觉得更舒服些。你还可以向他打包票说，到时候你可以到外面去。你也可以帮他出出主意，想想办法，或者另外帮他安排一些能让他觉得舒服自在的约会事项。另外，一定要激发他内心积极的自我对话，而不是消极的自我批判。提醒他，被拒绝也没什么大不了，每个人都遇到过。你还可以提醒对约会发怵的内向孩子，或许他不擅长寒暄客套，但他一定是谈心的高手。这样的孩子拥有结成长久友谊所需要的素质。

如果孩子跟你讨论想做同性恋的问题，你就要再给自己加一把力。这种问题很难启齿，能跟你谈说明孩子非常信任你。这时，你可以帮他把感受梳理一下，这仅仅是对某一个同性孩子的一时的迷恋？还是这种感觉已经持续了很长时间？在青春期的孩子当中，生理上有同性恋倾向的占十分之一。这些孩子很难被社会所接受，孤立无援，所以你应当帮他寻找别的同样是同性恋的孩子，把他们叫到家里来，并且鼓励他们把紧张的神经松弛下来。对你来说，得知孩子是同性恋很可能会是一个巨大的震动，这时，你可以加入由同性恋孩子的家长所组成的圈子来获得帮助。

性格内向的青春期孩子会把约会看得很重，所以他们不喜欢表面化的交往。对他们来说，这段感情至关重要，它的破损将成为不能承受之重。当孩子失去男友或女友的时候，你要理解孩子的痛苦，尊重他的感受。温柔地提醒他，一切都会好起来，他也会找到其他的朋友的。注意孩子是否有长时间的抑郁，如果这种情绪已经持续了一两个月，你就要让他去看专业的心理医生。内向孩子的另一个问题是，因为与男（女）友之间的关系占据了他们人际关系的核心，所以即使这段关系应当破裂，他们也竭力阻止这种情况的发生。为了避免这种情况出现，你应当鼓励孩子在约会期间同时保持其他方面的社会交往。

宠物的益处

对内向的孩子来说,宠物可以成为他们重要的朋友和安慰的来源。宠物能帮助孩子学习付出和接受爱、学习耐心、责任,以及如何快乐玩耍、享受生活,还能让孩子理解什么叫作失去。研究显示,喂养宠物能够缓解压力、减轻焦虑、预防疾病。内向的孩子通常都喜欢养狗、养猫、养鸟、养鱼、养仓鼠。这些宠物都是孩子舒心的伙伴,而且有可能在他们成年后继续成为他们生活中非常重要的一部分。

今天的父母们非常忙碌,他们当中的很多人都把宠物看作额外的花销和负担,所以不再像从前那样经常给孩子买宠物了。但是,内向的孩子需要宠物,也希望有机会能够付出爱心。喂养宠物还能滋养孩子的自信,让他体会到一种叫作信任的东西。购买宠物时,你要挑选那些跟孩子的性格相匹配的宠物,既不要呆头呆脑,也不要过于活跃,或者神经过敏。当你看着孩子关心宠物,看着他和宠物一起玩耍的时候,你会觉得非常幸福,你也会不无惊讶地发现,原来他那么有爱心。

社交能力包罗万象,提高的方式也不尽相同。身为父母的你要持续地关注,孩子在社会交往当中喜欢什么,害怕什么,这样才能帮助孩子享受友情,让他在人际交往中获得更美好的感受。

本章重点

◎ 在家庭的日常互动当中培养社交能力。

◎ 跟孩子说明内向和外向的社交模式各有其长。

◎ 帮助内向孩子为融入群体、参加聚会和约会作准备。

第 14 章

社交困境

帮助孩子面对冲突、欺凌和其他挑战

> 很多人抱怨玫瑰有刺，我则感激有刺之处才有玫瑰。
>
> ——安布罗斯·卡尔（Ambrose Karr）

友谊可以极大地丰富我们的人生，但是如同所有的人际关系一样，友谊也有让人痛苦的地方。在人与人交往的过程当中，他们彼此之间的差异会凸显出来，并在彼此间造成压力。不过，这些差异同时也能促进关系的发展。但是，如果这个问题没有得到很好的解决，差异就会升级为冲突。一般来说，这种情况是由压力、误解、失望、忽视感受、需求各异或束手无策造成的。处理差异和冲突能够帮助内向的孩子学会为人处世。他们应当学会感激差异，处理差异，因为差异能增强他们与人合作的能力。

面对冲突，内向孩子和外向孩子会产生不同的生理反应。外向孩子的神经系统把冲突理解为"战斗"，他需要立即进行反驳或采取其他行动。他把对方的沉默理解为同意。在冲突的过程当中，外向的孩子产生大量的肾上腺素和多巴胺。所以，有些外向的孩子实际上会通过激化争吵来让自己得到良好的感觉。

当冲突来临时，内向孩子的神经系统却在说"撤退"。在说出自己的不同意见之前，他首先会认真考虑。他可能会沉默一小会儿，因为他还没有做好表达自己观点的准备。研究显示，冲突会使内向的孩子消耗掉大量精力，而且恢复精力也需要相当长的时间。显然，当冲突发生时，内向的孩子和外向的孩子都会面临某些困难。

对你的孩子来说，确认现实情况是非常重要的一件事。有的孩子并不友善，而爱好和平的内向孩子却认为所有孩子都喜欢追求和睦的气氛。即使成年以后，他们也常常不觉得有些人是争强好胜。现实中的生活并非田园诗般美好，不是所有人都按照同一个规矩出牌。有的孩子可以充当理想的朋友，而有的则并非如此。友谊也绝不是静止不变的，而是随着时间的流逝起起落落。对孩子来说，友谊甚至可以在几个星期甚至几天内发生转变。一个朋友可以慢慢疏远你，甚至会公然奚落你。有时，迅速进展的友谊很快就会惨淡收场。

每个人都要时不时地面对拒绝。跟人打交道就意味着风险，有时结果好，有时结果不好。你最好能帮内向的孩子认识到，拒绝是生活中司空见惯的事情。而且，拒绝还有积极的一面，它能激发人通过努力改变自己在他人眼中的印象，从而促进人际关系和事业的发展。有的内向孩子（尤其是右脑占优势的内向孩子）对拒绝极其敏感。他们也躲闪着避免拒绝他人，即便不做那个人的朋友才是正确无疑的选择。有些（不是全部）左脑占优势的内向孩子并不在乎拒绝他人，甚至会让人觉得有些傲慢或者不近人情。外向的孩子往往对拒绝十分敏感，但他们很可能不会留意自己的反应将会对他人造成怎样的影响。把你自己有关拒绝的经历讲给孩子听，这会让孩子知道，既然你已经走过来了，那么他也一样能。

告诉内向的孩子，如果有人羞辱他或者戏弄他，这并不是因为他做错了什么，这一点非常关键。因为内向的孩子倾向于把发生在自己身上的事情看作是自己造成的,他们的第一反应是,"我肯定做错了什么事情。""可能是我不好,所以他们才戏弄我。""他们看见了我不好的地方,所以他们才这样对我。"大多数内向的孩子非常关心他们和朋友、家人的关系,所以拒绝、戏弄、骂脏话都会深深地刺痛他们的心。遇到这种情况时,你可以这样对孩子说:"有的孩子脾气不好,他们就那样,非常讨厌。"或者,"我知道你伤心了,但是事情已经过去了,你还是好好的。"没有人一生下来就知道怎么和他人相处,在摸索的过程中,我们都做过傻事。实际上,我们每个人都是这样成长起来的。

内向的孩子生活在一个外向的世界当中,这是一个令人遗憾的事实。我之前提到过,外向孩子倾向于喜欢别的外向孩子。所以一群外向孩子可以互相打气,而内向孩子中间却很少有特别积极的互动。如果外向的孩子不了解这些情况,那么当内向的孩子躲避或者拒绝他们之后,他们很可能会觉得受到了冒犯。另一方面,当一个内向孩子表现得比较冷淡,或者让外向孩子觉得他是在故意躲避他们时,这些外向的孩子就会有一种遭到拒绝的感觉,而且他们也不会花时间去了解一个内向孩子。这是内向的孩子在社会交往当中遭遇的另一个障碍。

解决矛盾

朋友就是不对你下命令的人。

——克洛伊·克雷文斯(7岁)

友谊非常脆弱,只有经常维护,友谊之树才能常青,这也正是内向孩子受欢迎的原因。他们懂得维护友谊,这种特点是一种具有适应性的先天倾向。有时,内向的孩子看上去会显得有些被动,因为他们宁愿逃开也不愿冲突。你可能得告诉你的孩子,有时要灵活一些,有时则要坚定,还要区分这两者之间的不同。即使在非常幼小的时候,内向孩子一般也不像外向孩子那样去抢玩具,或者表现出攻击性的行为。你可以提醒孩子,告诉他保护自己和自己的东西是可以的。例如,杰瑞德是一个内向的孩子,他被一个爱挑衅的同学狠狠地撞了一下。杰瑞德的爸爸先前教过他,遇到这种情况时,他应当大声地说:"别碰我!"杰瑞德知道,他这么一说,老师就会听到,而且只要有必要,老师就会过来处理的。所以他大声地表达自己的不满,而那个孩子也不再碰他了。

内向的孩子需要认识到,友善并不能应付所有的孩子和情况。每一个孩子都有自身的意图和动机。有的孩子想交朋友,有的想找玩伴,有的想加入到一大帮孩子中间去体会一种有力量的感觉。

当没有成人在场,或者在他们没有注意的时候,孩子们平常的玩耍可能会演变为冲突。打闹着玩和突然之间产生的攻击性举动只隔着一层窗户纸。一群女孩子可能正玩得高兴,但是就在你不知道的时候,其中一个就会被排斥在群体外面。教你的孩子在气氛不大对头的时候仔细体会自己的感受。冲突的味道传播得很快,而且不需要理由。这时,他就知道他应该去找别的孩子玩了。

提醒你的孩子注意,即便只有两个孩子一起玩,冲突也会经常发生。然后,你们可以一起想想解决的办法,这也是一个非常有趣的过程,就像猜谜一样。解决冲突的第一步是聆听,弄清楚对方到底在抱怨什么。"哦,你想当船长啊?"内向的孩子常常是百依百顺,他说:"好吧,船长就你当吧。"这样的情况偶尔出现是可以的,但如果总是顺从,内向的孩子就容易被欺负。为了让孩子在争吵中表现出自信和坚决,最好的办法是在家里建立起良好的冲突解决模式。研究显示,在社会交往方面非常自信的孩子能够综合考虑双方的需要,并且能够有条理地表达出来。比如:"我先把叛变的水手送下船,然后你就能当船长了。你要是愿意,就一边等,一边在鳄鱼的肚子里发出敲钟的声音。"

和孩子一起讨论他在学校遇到的冲突和矛盾。"梅根不想让杰德参加我们的表演秀,少了他,我挺不开心的。"首先对孩子的感受表示肯

> **解决冲突**
>
> 为了化解你的孩子和爱挑衅的孩子之间的冲突,你可以把下面这几招教给他:
>
> **可以做:**
> 1. 站在对方的角度考虑对方的不满,了解对方的需求。
> 2. 努力把这种需求表达出来。"哦,你想玩我的积木啊。"
> 3. 提出折中方案,消除紧张气氛。"你好好说,不要抢,我就给你玩。"
> 4. 到现在或许还不能解决问题,如果是这样的话,就等双方冷静以后再说。"你昨天太凶了,我们现在商量一下吧。"
>
> **不能做:**
> 1. 很努力地跟一个爱挑衅的孩子讲道理,尤其是在对方生气的时候。
> 2. 反驳对方,否定对方的看法。
> 3. 不关心对方的想法,戏弄对方。

定和接纳,然后一起讨论怎样解决矛盾,让每个人的需求都得到满足。最后,帮助孩子练习表达,提醒他把自己的想法表达给其他的孩子。这是性格内向的孩子常常漏掉的一步。

面对紧张和压力

> 不明智就是幻想用同样的做法获得不同的结果。
>
> ——丽塔·梅·布朗(Rita Mae Brown),美国作家

许多情境都会让孩子感到压力和紧张,比如社交场合中的冲突和

纷争。在压力面前，内向的孩子和外向的孩子会做出不同的反应。如果你发现孩子出现了下面这些反应，就说明他遇到了困难，需要你帮他一把。

当内向孩子面对压力时，你会发现他：
- 退缩，逃避问题；
- 沉默；
- 抗拒或被动；
- 不知所措；
- 身体僵直；
- 脾气暴躁；
- 反复自责；
- 身体疲劳，肌肉紧绷。

当外向孩子面对压力时，你会发现他：
- 怨天尤人；
- 即刻就想把压力表达出来；
- 强迫自己做事；
- 不愿停下来思考；
- 感染疾病，身体不适；
- 防御，愤怒；
- 担心，焦虑。

无论是内向还是外向的孩子，当他们感受到压力的时候，你都应当鼓励他们把压力讲出来，以此来消除紧张。当你观察到诸如愤怒、忧郁、强迫行为、沉默、丧失幽默感等表现的时候，问问孩子，是不是遇到了什么令人紧张的事情。此举很有作用，因为，它能让他们知道自己的紧张不安。认识到紧张是帮助孩子缓解压力的捷径，外向的孩子会停止"进攻"模式，内向的孩子则会从退缩中走出来。当孩子恢复心理上的平衡后，和他聊聊是什么原因让他紧张。看看他能否学着在压力对自己产生很大影响之前感受到这种紧张的情绪，并且找到应对这种情绪的办法。你也可以使用下面的这些方法来帮助他摆脱压力。

对于内向的孩子：

- 给他一些时间来考虑冲突和引起冲突的事情。
- 让他意识到，他的不安和疲惫是因为心里的冲突没有解决。
- 给他机会让他安心地谈论自己的想法和感受，他可能会把这些想法和感受写下来。
- 耐心一点，他需要一些时间来表达自己的想法。
- 帮助他放松，尽管他的身体还有可能变得更加紧张，话也说不了几句。

对于外向的孩子：

- 让他把冲突和引起冲突的事情说出来。
- 认识到，他可能遇到了很多让他紧张的事情。给孩子说话的机会，他就会捡对自己影响最大的几件事说出来。
- 随时准备倾听，孩子可能会随时说起这些事。
- 如果孩子在说的时候突然改变想法，你也不要惊讶，这些想法都是暂时的。
- 给他一些空间来活动身体，这能促进他思考。

研究人们的行为模式

你要及早告诉你的内向孩子，每个人的行为模式是不一样的，并且还要让他们学会辨识这些差异。内向的孩子能像侦探家一样，学着用他们敏锐的观察力和坚持力来理解不同的行为模式，而这也会增强他们的社交能力。让你内向的孩子形容一下和他玩的小伙伴。比如，这个孩子有意思吗？他可以信赖吗？他在大多数时候都愿意分享吗？他懂得合作吗？他喜欢把自己的事情说出来吗？和他在一起，你的孩子感觉好吗？和他分开后，你的孩子是虽觉得很累，但是玩得很开心，还是感到真的疲惫不堪？

经常和孩子聊聊，别的孩子和大人是怎么做事情的。成年人通常觉得不应该议论别人的行为，因为这样会显得刻薄和八卦。于是他们装做好像每个人都是一样的，或者任何行为都是可以接受的。但是，内向的孩子却能从各种行为中察觉到细微的差异。他们需要通过不断的求证来理解别人的意思。要倾听、求证和讨论他们觉察到的非语言信息，比如面部表情、谈话气氛和肢体语言。这会增强他们评价他人的能力。

对于家人或朋友的行为，你可以做出这样的反应："埃德娜姑姑今天肯定遇到了让她不高兴的事情，她今天非常暴躁。"然后把你的想法说出来："我每次去找她时都很开心，但今天我不想在她家待太长时间。"和你的内向孩子讨论他的经历："艾什莉平时很活泼，但今天和她说话好像有点费劲。听别人说话对她来说好像很困难，过不了两分钟她就会打断别人，并且每次说话都很大声。这让你觉得很烦恼吗？"如果孩子的回答和你想象的不一样，你也要尊重他的想法。虽然不影响他的看法，但你要让他意识到哪些行为是他喜欢的，哪些是他不喜欢的。

对于你内向孩子的行事风格，也要让他知道别的孩子会怎样看。"因为你没有马上回答布莱德，我觉得他可能不知道，其实你正想着该怎么回答他。你觉得该如何让他知道呢？"内向的人倾向于沉浸在他们自己的想法当中，上面的问话能帮他跳出自己的想法，然后进入一种觉察的状态。

面对欺凌

> 尊重自己的人不会被欺负,就像穿了一件无敌的盔甲。
>
> ——亨利·朗费罗,美国诗人

毫无疑问,那些恃强凌弱的"坏孩子"是孩童世界中的"害群之马"。唉,他们无处不在,时不时地还会和你来一个"不期而遇"。他们或者身材高大,用坏脾气和拳头来欺负别的孩子,或者独来独往,总之都是那老一套。他们有男有女,身材或胖或瘦,头脑灵活或不怎么灵活。我们每个人都被他们欺负过。小学三年级的时候,我长得比较瘦小,一个叫奥德利的女孩(我发现我还记得她的名字)总是在后面追我,然后抓住我的腰把我抱起来。她还对着操场上的孩子们大喊:"看,我多有力气!"她以此来羞辱我。有一次我又踢又叫,使劲挣扎,她才把我放下。她肯定觉得我是一个好欺负的人,但我的坚持出乎了她的意料。她秀自己力气的愿望被大大地泼了盆冷水,从此再也不把我当"人体哑铃"了。

不管在家,还是在学校,又或是在上下学的路上,你的孩子都需要感到安全。内向的孩子很容易成为"坏孩子"的目标,因为他们更容易独自行动,而不是结伴而行。过去,我们会告诉孩子,要么别管那些"坏孩子",要么对他们表示友好。但这并不是应对欺负的好方法,也并不奏效。你的孩子需要你的帮助来获得更好的应对办法。如果你的孩子正在被欺凌,你不要退缩,要行动起来。

作为家长,你可以采取很多行动来帮助孩子。第一,给孩子做榜样。那些在家里目睹暴力和攻击的孩子很可能成为施暴者或者受害者,所以不要用言语辱骂或讽刺孩子。第二,向孩子说明,单凭自己的力量是无法解决这一问题的,对于那些"坏孩子",最有威慑力的还是大人的权威。如果孩子觉得有人会欺负他,你要他去找老师或者别的家长寻

被欺凌的迹象

> 我总觉得问题是自己引起的,我无法表达愤怒,后来愤怒就变成了肿瘤。
>
> ——伍迪·艾伦,美国著名导演、演员

很多孩子都不会跟父母说他们被人欺负了,因为这样会让他们觉得尴尬甚至羞耻(内向孩子的自我批评又开始了)。他们经常责备自己:"我觉得说错话了,我还没想好,然后吉米他们就过来欺负我,把我吃午饭的钱拿走了。我想我最好还是把嘴闭上。"以下是你内向的孩子可能遭遇欺凌的蛛丝马迹:

- 心情低落或者异常烦躁;
- 在校期间发生异常情况;
- 丢东西或者回来时衣服有破损;
- 没吃东西(午饭的钱可能被偷了);
- 做噩梦或尿床;
- 身上有原因不明的擦伤或淤青;
- 经常生病。

求帮助。第三,如果见到欺负人的行为,你要立刻上前制止。

有一个叫作"麦格拉芙安全屋"的"抗欺凌"计划,它为我们提供了一个很好的范例。个人和商店都能签订协议加入这个计划,目的是给上下学途中遇到困难的孩子提供"避难"场所。如果你家附近没有类似的计划,那就先从学校开始。对学校的教职员工进行相关的培训是很重要的,因为很多教师对欺凌行为没有足够的认识。学校还要让学生懂得尊重他人,并且帮助那些受欺凌的孩子。学校要鼓励孩子们维护那些受欺凌的孩子,为他们讲话。学校还应当建立明确的行为规范和相应的惩罚措施。

欺凌这种行为特别伤害人的自尊，就像吸血鬼吸血一样。他们把自己的快乐建立在别人的痛苦之上。他们的手段各式各样，打、踢、推、拉、嘲弄、纠缠、骚扰、无礼、吓唬、刁难、侮辱、伤害、威胁、折磨、愚弄、偷窃、暴力、恐吓、说闲话、散播流言等等。他们的脾气一点即爆。他们把别人的举动理解为是有敌意的或者认为是针对他们的，但事实并非如此。

现在，有科学研究表明，有的孩子天生就喜欢欺负别人（这和大脑神经回路有关）。他们攻击性强，很少害怕。如果再被严厉对待，他们就很有可能去欺负别人。有别于我们一般的印象，那些欺凌者并非朋友，相反，他们常常是受欢迎的小头目。孩子们会觉得他们搞笑，有很多点子，和他们在一起非常刺激。他们常常"执掌大权"，领导一群"酷酷"的孩子，从而提升他们的影响力，这让"对付"他们变得更加困难。尽管如此，你还是有办法来让你的孩子免遭欺凌。

做好防备

- 让孩子学会辨认谁是恃强凌弱的"坏孩子"。线索是：他们凑到你面前大声叫嚷，举止挑衅，并试图以此来戏弄你、威胁你。他们阴晴不定，也许今天还好好的，明天就变得十分刻薄。

- 跟孩子说，你知道有些孩子喜欢欺负人，所以没必要对每个人都友好。

- 跟孩子说，任何欺凌行为都是绝对不能容忍的，只要发生就要告诉大人。

- 确保孩子有一两个朋友——孤独的人容易被欺负。

- 跟孩子说，有些欺凌是因为嫉妒，你的成功会让他们觉得自己是个失败者。

- 向孩子描述，好朋友会如何对待你，那些欺负你的人只不过想居高临下，而不是想成为你的朋友。

荧幕中的内向孩子

电影能用一种有力且容易理解的语言来描绘孩子们在适应社会过程中的挣扎和成功。如果电影里的主人公比你的孩子稍大一点,那么通过观这样的电影,你的孩子就能预先了解他即将面对的社会生活。最近,我和8岁的外孙一起看了一部叫作《伴我同行》(Stand By Me)的电影。这部电影真实地描写了四个不满13岁的孩子在成长中的痛苦。四个孩子都来自有问题的家庭。主角戈迪是一个性格内向的小孩,他头脑聪明、有书生气又善于观察。他为这个四个人的集体提供了很多有用的建议和解决问题的好办法。另一个孩子克里斯是一个外向且性格刚强的领导者,在一次冒险当中,戈迪和他轮流带领伙伴,解决分歧,不管境况有多么危险,遇到多么凶恶的人,他们都始终让伙伴们紧紧地团结在一起。

另一部给大孩子看的电影是《我的小狗斯奇普》(My Dog Skip)(中间有悲伤的情节)。故事讲述了一个叫威利·莫里斯的男孩,他的性格孤单内向,没什么朋友。他的父亲不理解他,但母亲对他很好。在威利过生日那天,他的母亲送给他一条狗,取名斯奇普。斯奇普教会了威利如何与人交往,甚至是与那些爱欺负人的孩子交往。还有一部电影是《我的女孩》(My Girl),讲述了关于一个女孩(维达)和一个男孩(托马斯)的感人故事。他们是好朋友,并且都是内向的孩子。他们互相理解,甚至不用言语。维达身世曲折,经历了太多次

- 告诉孩子,不要理会那些"坏孩子"的粗鲁语言、表情和手势,以免伤害自己的自尊。提醒他,欺凌行为是不成熟的,建议他把欺负别人的孩子看成是带着尿不湿的大婴儿。这样一来,内向的孩子就不会觉得伤自尊了。告诉他:那些欺负你的人想让你不好受,我们不能让他们得逞。他可以试着在心里说:"你不会伤害到我的自尊的。我不会服软让你觉得自己很强壮。"当孩子有内心的声音做伴时,他会表现得更加坚强。

"失去"。她坦然地对托马斯说,她喜欢自己的作文老师,并且用自己独特的方式来面对自己的感情。这部片子也有悲伤的情节。

还有一部关于内向孩子的电影是《真爱赤子情》(Digging to China)。主人公哈丽特的生活很不安定,她和酗酒的母亲及青春期的姐姐生活在废弃的汽车旅馆里。哈丽特有点早熟,是个充满创意的女孩,但缺少玩伴。她把善解人意却有些智障的男孩里奇当作朋友,但大人们误解了这段关系。

一旦你开始看电影,你就会发现很多电影里的主人公都是内向的人。就像儿童文学一样,这些故事的作者往往也性格内向。内向孩子通常面对的挑战和他们的坚定都会在电影中有所描述,这些人物能给你内向的孩子提供很好的参照。电影也能让你的孩子走近其他内向孩子的内心世界。你的"小观察家"尤其能从电影中获得新的想法。

你可以和孩子一起聊聊电影中的情节,这很有好处,哪怕是看过电影几天之后。就像上面提到的那些电影一样,电影往往触及痛苦的主题,比如人际关系问题、失去、差异、残忍等等。我的外孙有过被人戏弄和欺负的经历。我和他愉快地讨论了欺凌现象,为什么有人能当"头儿",孩子如何在群体中交朋友,以及一个称职的好朋友是什么样的。看过《伴我同行》之后,他对我说:"他们是朋友,因为他们互相支持。如果他们打架了,他们想办法和好。"

- 告诉孩子躲开欺负别人的孩子。

- 告诉孩子,如果有人欺负他,他就可以去警察局、邮局、图书馆或者其他有大人的场所。

- 让孩子去参加空手道或其他教授自我防卫的培训班,逐渐建立自信。那些走得稳、坐得直、看上去很自信、敢于直视挑衅者眼睛的孩子不大容易成为"坏孩子"的欺凌目标。

欺凌的新方式

互联网欺凌正处于上升的趋势，它正在折磨着数不清的孩子，尤其是青少年。一所私立小学的六年级学生蒂芙尼曾经在网上被欺凌过。她和她的朋友尼克打了一架，然后尼克就做了一个关于蒂芙尼的网站来发泄他的愤怒。上面有图片，有谩骂，还有很多残忍刻薄的话。尼克用电子邮件把网站的网址发给了学校里他认识的每一个人。蒂芙尼非常羞愧，因为她觉得和尼克打架是自己的错误。最后，学校的同学相信了网站上的话并开始排斥蒂芙尼。到这个时候，蒂芙尼才把这件事告诉了妈妈。她的妈妈找到了尼克的父母，然而他们并不愿意管这件事情。蒂芙尼心烦意乱，她的妈妈只好带她来见我。

很不幸的是，网络骚扰正在变得越来越普遍，但是你仍然可以采取行动。你应当严肃地看待这件事，并且向互联网服务提供商和警察局报告，他们会采取后续的行动的。

- 在家里，通过角色扮演来练习被欺凌的时候该如何应对。教你的孩子直视对方的眼睛，同时坚定地说："走开！"或者"放手！不然我就告诉老师了。"告诉孩子，不要不敢喊叫。记住，在需要的时候，喊出来。

- 如果孩子受到欺凌，把这件事告诉校长，学校一般都有专门的处理办法。

- 告诉孩子，被人欺凌的时候，到公共场所去，那里有助于灭掉"坏孩子"的嚣张气焰。

- 告诉孩子，被惊吓到了也没有关系，只是一定不要当着欺凌者的面哭（那正是他需要的）。最好能安静地走开。

- 在孩子回家的路上或者等他下公共汽车后陪陪他，和他愉快地聊聊天。"坏孩子"不会欺凌经常得到父母关爱的孩子。

把坏事变好事

> 恰逢其时的错误要好过错误时期的精明。
>
> ——卡罗林·韦尔斯（Carolyn Wells），美国作家

差异和冲突是不可避免的。但是，每一个观点的碰撞同时也是学习新知的机会。学着寻找办法来解决冲突，而不是躲避它，这将促使内向的孩子发展成为有能力且自信的成年人。教给孩子面对生活中困难处境的方法，尤其当他们认识到他们能自创办法解决复杂社交问题的时候，你将取得最为重大的收获。内向的孩子会认识到：有些冲突是值得付出精力的——玫瑰比刺重要！

本章重点

◎ 有人的地方就有冲突。
◎ 冲突是发展人际关系的机会。
◎ 内向的孩子可通过学习做好准备来应对冲突和欺凌的情境。

结 论

思 考

> 我虽然只是个小孩子，但我很重要，世界也可能因我而不同。
>
> ——福雷斯特·威特克莱夫特（Forest E. Witcraft），美国学者

每个孩子的气质都给父母们带来一些或易或难的要培养的天赋。一个外向孩子的天赋可能更接近表面，一点阳光、水和肥料就能让它们绽放。外向孩子的父母所面临的最大挑战是要坚持正确的"修枝剪叶"。内向孩子则正相反，他们的天赋或许不那么显而易见，父母们要学会引导这些天赋的表达。要内向的孩子茁壮成长需要"恰如其分"的培育，而且，"修剪"的工序最好有所节制。

你可能会感到诧异，在阅读本书后，你知道了气质并不像最初想象的那么简单。抚养一个内向的孩子可能带来特殊的挑战，因为父母们最初肯定要面对一些偏见，这是成长于一个外向型文化之中对他们可能造成的潜移默化的影响。抚养一个不适应"外向"模式的孩子不是一件容易的事。内向的孩子尤其需要时间、理解和耐心。本书前面的章节给你提供了必要的工具以帮助你的内向孩子处理他生活的各个方面。最重要的是，我提供了一些策略以帮助你发挥孩子的长处并提升他的自信。气

质是一生的特质,既不能被改变,也不会随着一个人成长而不再适用。因此,帮助你的内向孩子接受自己的气质并且平衡外部世界的社交和精力需求将有助于他获得一个更加精彩的未来。

你的内向孩子需要你

> 对世界而言,你可能只是一个人;但是对有些人来说,你就是整个世界。
> ——麦克·安德森和兰斯·伍布斯(Mac Anderson and Lance Wubbels),亲子教育图书作者

在如今这个纷繁冷漠的世界,你可能会感到自己无足轻重。如果你幸运地拥有了一个内向的孩子,请记住这一点:至少对他而言,你就是整个世界。对所有孩子来说,这一点都不假,但是对内向孩子尤其如此——虽然他们未必会表露出来,但是他们极其依赖与家人的情感联系。他们需要你。内向的孩子一定要有要有意义的情感联系才能发展他们的天赋,和你之间的良好关系对发掘他们的潜在天赋至关重要。

切记:你对你的内向孩子非常重要。

内向孩子到底需要什么?

如果明确了孩子的需要,你就能更轻松自信地为人父母。知道重点在什么地方,该在什么方向上努力既节省精力,也能增强你的满足感。另外,这也给你在平日生活里作决定奠定了一个坚实的基础。从最广泛的意义上来说,你的爱和支持是孩子所需要的。在这里,我们将进一步讨论能确保内向孩子茁壮成长的十个途径。

父母的陷阱

无论你拥有一个内向的孩子还是一个外向的孩子,为人父母都要耗费许多精力。让我来提醒你一下,你一定要保持自身的精力储备充实。留出时间放松自己不是自私的表现。事实上,如果没有恢复精力的休整时间,那么任何父母都无法保持良好的状态。

作出安排,用下述的方式自我调整:

- 保持身体健康。
- 学习某种形式的肢体和心理放松技巧。
- 确保有自己的成年人社交圈。
- 纾解你的心情。尝试在黑暗的房间里休息10分钟,冥想,读一本好看的小说或者其他能带给你愉悦的书籍,泡个温水澡或倾听舒缓的音乐。
- 保持生活有条理。我知道这并非总是易事,但是杂乱无章一定让人委靡不振。
- 让生活常有浪漫。

1. 时间

对一个孩子而言,"爱"可以被解释为"时间","爱"是用"时间"来表达的。与你的内向孩子相处的时间是建立你们之间深厚情感联系的基本元素。这里的所谓"时间"不可以是随随便便的,你必须要有意识地作计划与孩子共度一段时光。抽出时间与孩子相处,以使孩子保持连接的需求得到满足。当然了,你很忙,要照顾的事情很多。但是,与你的孩子相处的宝贵时光一旦失去了就无法挽回。要把与孩子相处作为你生活中优先考虑的重点,这既是为了孩子,也是为了你不失机会了解一个如此出色的孩子。

2. 信任

想到你对孩子的影响不仅在你说什么,更在你做什么,这可能让人有点后怕。但事实的确如此，你是孩子行为的第一榜样。如果你不诚实，就不要期待孩子有诚实的表现。如果你不遵守对孩子的承诺，就不要期待他能学会恪守承诺。我曾在工作中接触过太多的家长，他们对自己的不诚实不以为然，却拼命抱怨自己的孩子撒谎——他们压根儿就没把这两件事联系起来。相比外向的孩子，内向的孩子更依赖于你的表现。他们不仅能辨识谎言，并且记挂承诺，所以诚实地对待他们极其重要。谎言侵蚀感情，更使信任无从谈起。

3. 稳定

内向的孩子需要稳定一致。当你的内向孩子享受着一个可以预见的稳定环境时，日常生活必要的精力消耗就会相对减少。孩子身处世界的稳定度和安全度由你决定。如果你反复无常，孩子的生活就会变得杂乱无章。如果孩子必须要担心你的情绪和你的去向，他就没办法把足够的精力或注意力集中在他主要的任务，即成长上。给孩子提供稳定的环境，以使他为自己的成长打下坚实的基础。

4. 对孩子的潜力充满信心

做一名学生，去探究内向孩子的内心世界。学着去观察、倾听和关注。你能分辨出他什么时候感到苦恼或疲惫吗？你知道他下个星期要做一份报告吗？他喜欢什么？不喜欢什么？此外，你还应当帮助你的内向孩子发掘他的兴趣和特长。内向的孩子有很大潜力，你对孩子的深刻理解将帮助他开发自己的潜力。

5. 慢节奏

如果不是为了你自己，你也要为了你的内向孩子而把生活节奏放慢。除非内向孩子感到自己身处一个无压力的地带，否则他们将无法思考或表达。他们需要尽可能慢的节奏和尽可能多的耐心。处于一个忙乱紧张的环境当中，他们会有窒息的感觉。不要让你的生活被压力支配。当你放慢节奏，你就会注意到，你的内向孩子更愿意与你分享他的内心世界。

6. 坚持

内向的孩子天性能坚持。通过在某件事上"坚持到底",你可以向他展现如何运用这种宝贵的品质。"好家伙,我的老板真让我感到灰心。我都想放弃了。等两天以后,我们俩都冷静下来了,我们又谈了谈。他终于理解了我的观点。我很高兴我想到了另一种方法与他交涉。"指出并表扬孩子的决心:"我很欣赏你为了玩秋千三次跟人提出请求。最后人家终于让你玩了。"

7. 鼓励孩子面对逆境

帮助你的内向孩子认识到逆境是生活的一部分。在他做出不明智的选择时,帮助他勇敢面对现实。保持公平。不要袒护他,让他对自己行为的后果负责,但是不要让他被打击得信心全无或者被苛刻对待。跟你的孩子谈谈你在生活道路中曾遭遇的障碍,你又是如何跳过、打通或绕过那些障碍的。如果用一种"我们是一伙"的态度给内向的孩子讲述一些让他们产生共鸣的——所谓"我也是"的故事,他们就会受益匪浅。如果你很好地从你的困难中恢复了过来,你的内向孩子也将能够做到。

8. 承认错误

我相信你也明白人无完人。承认错误,并为错误道歉,这么做了,你的榜样作用将会是留给孩子的一笔巨大财富,但是内向的孩子尤其会让事情往心里去,也经常出了差错就埋怨自己。因此,当孩子没有过错的时候,安慰他让他放心。承认你自己的错误、失败和失意,以此使你的内向孩子明白人人都会犯错。这就是我们学习的方式。

9. 鼓励

内向的孩子需要感受到你的支持——不仅仅是在事情一帆风顺的时候,而是在每时每刻。了解孩子重视的目标,并帮助他达成。对他的努力表示关切,对他的成就表示支持。帮助他认识他有哪些选择以及分清事情的轻重缓急。生活中的满足感是需要通过努力来赢取的,所以帮助他找到能激发他思想的事物,鼓励他发展对他成长有帮助的关系。把你的注意力始终放在一个目标上——把他培养成一个思想成熟的成年人。

10. 快乐

看到父母不能享受与孩子在一起的欢乐，我总会难过。当然，我们每个人在生活的某些时候都会有厌倦所有人的感觉。但是，在我看来，生活中没有什么能比得上这种喜悦：握着孩子的小手，看着他入睡；朝他的眼睛望去，你看到了一个不同于你的独一无二的人。所有的孩子都是非凡的创造。由于内向的孩子有如此敏锐的知觉，他们能提出一些惊人的见解、幽默的看法和创造性解决问题的方案。内向的孩子喜欢你表现得不拘小节。跟他们一起玩，让他们给你展示那些常常与你擦身而过的生活的奇妙。即使你感到疲惫，也不要在孩子叫你听、看或要求与你分享什么的时候把他随便打发走。真正的生活是由这样一个一个短暂的片段串在一起的，所以不要让那些重要的时刻溜走。

我愿意倾听你的想法

> 最大限度发挥孩子的独特天赋。
>
> ——拉冯·内夫（LaVonne Neff），儿童书作家

我希望在读过这本书后，你对你的内向孩子，也许对你自己和你家里的其他人都有了更好的了解。我很愿意倾听你的想法。你可以通过我的网站 MartiLaney@theintrovertadvantage.com 联系我或者给我写信，地址是 P.O.Box6565，Portland，Oregon 97228—6565（美国俄勒冈州波特兰市 邮政信箱 6565#，邮编 97228—6565）。欢迎给我讲述你与你的内向孩子相处的经历。珍视你的内向孩子，他们是天赐的礼物。

附录

容易与内向性格引起
混淆的疾病和异常

性格内向的人（尤其是性格内向的孩子）很容易遭到他人的误解，即使是专业人员也不例外。由于这个原因，一个内向的孩子很可能会被贴上"有问题"的标签。了解这些"问题"是什么能促使你更好地帮助孩子成长，也能防止孩子被错误地诊断。

以下是一些容易与内向性格引起混淆的疾病和异常，后面也说明了它们之间的不同之处到底在哪里。

感知统合障碍。这是一种新发现的疾病，患儿可能极度厌恶大的响声、被他人碰触、特定材质的衣服、把手弄脏或者吃特定的食物。他们也可能表现出完全相反的特点，比如渴望他人碰触，喜欢强烈的听觉和触觉。感知统和障碍的患儿既可以是内向的孩子，也可以是外向的孩子，与早产和遗传有关。虽然内向的孩子受感觉影响很大，但这种感觉没有强烈到痛苦的程度。

过度敏感。每个孩子都有自己的舒适区域，外界对他的刺激既不能太多，也不能太少。对于过度敏感的孩子来说，他们的舒适区域非常狭窄。如果不是刚好合适，他们就会非常难受。这种情况的发生率在 15%~20% 之间，可能与基因组成有关。如果孩子在家里经常被责骂，发病率还会进一步升高。大多数过度敏感的孩子都是内向的孩子，而外向的孩子也占到了约 30%。这里有一个容易引起混淆的地方，就是内向的孩子会因为外界刺激过多而表现得过度敏感，但他们并非总是如此。

注意缺陷障碍和注意缺陷多动障碍。患有这两种障碍的孩子难以集中注意力完成任务。他们可能显得比较冲动或者心不在焉。如果孩子特别活跃，总是动来动去，这就叫作注意缺陷多动障碍。如果没有过度活跃的表现，那就是注意缺陷障碍。估计有 5% 的孩子属于这两种情况之一。研究推测，这种情况是遗传和环境因素综合作用的结果。内向的孩子总是关注内心的想法，所以看上去可能会表现得漫不经心。一般来说，注意缺陷多动障碍常常是外向的孩子，而注意缺陷障碍常常是内向的孩子。

自闭症和亚斯伯格综合征。这两种病症的症状表现在与人沟通和相处方面，还有对特定行为的重复。电影《雨人》当中，达斯汀·霍夫曼刻画了一个患有严重自闭症的人物形象。患有自闭症的孩子缺乏与自身年龄相应的朋友关系，缺乏同理心，也罕有兴趣同他人分享或交流。不过，这些孩子却可能在某些领域拥有过人的天赋，比如排列数字和视觉处理。亚斯伯格综合征的症状类似。研究表明，亚斯伯格综合征能影响大脑的许多区域，不过，该病的病因尚不明确，也没有确定的治疗方案。

由于内向的孩子倾向于远离社会交往，于是父母就会怀疑孩子得了自闭症。最近，媒体给了自闭症和亚斯伯格综合征很大的关注，所以不少家长都来找我咨询这方面的事情。不过，性格内向和自闭症是完全不同的两件事。内向的孩子拥有正常的社会交往关系，跟父母和同龄人都保持着亲密的情感联系。内向的孩子不会重复某些特定的行为，比如打滚或者撞头，这些才是自闭症的特征。此外，内向的孩子也不会表现出异乎寻常的"技能",比如能够回忆起一系列无规则的数字。这些"技能"有时正是自闭症的体现。

社交焦虑和其他焦虑障碍。患有社交焦虑的孩子害怕进入社交场合,他们愿意与人接触,但与人交往时又感到不舒服、不自然。他们到处寻找负面反馈来印证内心对自己的负面感受,使自己的日常生活受到了严重的阻碍。与此不同的是,内向的孩子喜欢能够让自己拥有内部世界的环境,这并不损害他们的自信,也不影响他们与别人打交道的能力。任何形式的焦虑都以不断恶性循环的担心和紧张为表现。而内向的孩子只是喜欢安静或独处,所以没有必要在意。

实际上,与内向的孩子相比,外向的孩子更容易感到焦虑。因为焦虑是由交感神经系统所引发的。不过,外向的孩子可能会喜欢这种紧张刺激的感觉。与他们相比,只要有轻微的焦虑就会让内向的孩子感到不适。

致　谢

你只需坐下来注视一张白纸，直等文思如泉涌出。

——基恩·福勒（Gene Fowler），美国记者

任何一种创新的努力都至为艰难，无论是做一道菜、拍一部电影、写一本书，还是养育一个内向或外向的孩子，你都要投入时间和精力。同时，创新也无法离开协作。与谚语"厨子多了煮坏汤"相反的是，一本书的写作需要很多"厨师"持续数月甚至数年的关注才能完成。在这里，我要感谢沃克曼出版集团（Workman Publishing）的所有的"厨师们"。还有我的家人、朋友，以及我的来访者，他们也为这锅鲜汤添加了原料。

我要特别感谢相关学术研究的科研人员（他们当中的许多人都是性格内向的人），他们不断找到有研究价值的新问题，这让我既尊敬又感激。他们对大脑的研究在内向／外向性格连续体的生理基础方面给了我们非常有价值的启示。我希望，这些研究结果将有助于改变内向孩子经常面对的负面刻板印象。

最后，我要感谢父母、老师、咨询师、牧师等所有愿意用崭新的眼光去看待内向孩子的人们。

原书推荐选读书目

以下是我发现的一些有价值的图书。我希望其中的一些能给你提供养育子女的洞见。最后面是一个提供给你的内向孩子阅读的书目，附有简单介绍。

气质

Burruss, Jill D. and Lisa Kaenzig."Introversion : The Often Forgotten Factor Impacting the Gifted."*Virginia Association of Gifted Newsletter*, 21; 1: 1999.

Ginn, Charles. *Families: Using Type to Enhance Mutual Understanding.* Florida: Center for Applications of Psychological Type, 1995.

Greenspan, Stanley with Nancy Lewis. *Building Healthy Minds.* Massachusetts: Perseus, 2000.

Greenspan, Stanley. *The Secure Child: Helping Our Children Feel Safe and Confident in a Changing World.* Massachusetts: Da Capo, 2002.

Kurcinka, Mary Sheedy. *Raising Your Spirited Child. New York: Harper Perennial, 1998:* and *Raising Your Spirited Child Workbook.* New York: Quill, 1998.

Murphy, Elizabeth. *The Developing Child: Using Jungian Type to Understand Children.* California: Davies-Black Publishing, 1992.

Myers, Isabel Briggs with Peter Myers. *Gifts Differing.* California: Consulting Psychological Press, 1995.

Neff, Lavonne. *One of a Kind: Making the Most of Your Child's Uniqueness.* Florida: Center for Applications of Psychological Type, 1995.

Neville, Helen and Diane Johnson. *Temperament Tools: Working With Your Child's Inborn Traits.* Washington: Parenting Press, 1998.

Penley, Janet and Diane Stevens. *The M.O.M.S. Handbook: Understanding Your Personality Type in Mothering.* California: Penley, 1998.

Siegel, Daniel and Mary Hartzell. *Parenting From the Inside Out: How a Deeper Self-Understanding Can Help You Raise Children Who Thrive.* New York: Putnam, 2003.

Tieger, Paul D. and Barbara Barron-Tieger. *Nurture by Nature: Understand Your Child's Personality Type—and Become a Better Parent.* New York: Little, Brown & Co., 1997.

教育

Barger, June, Robert Barger and Jamie Cano. *Discovering Learning Preferences and Learning Differences in the Classroom.* Ohio: Ohio Education Curriculum Materials Service, 1994.

Hellyer, Regina, Carol Robinson and Phyllis Sherwood. *Study Skills for Learning Power.* New York: Houghton Mifflin, 2001.

Lawrence, Gordon. *People Types and Tiger Stripes.* Florida: CAPT, 2000.

Mamchur, Carolyn. *A Teacher's Guide to Cognitive Type Theory and Learning Style.* Virginia: Association for Supervision and Curriculum Development, 1996.

Marshall, Brian. *The Secrets of Getting Better Grades.* Indiana: JIST, 2002.

Radencich, Marguerite and Jeanne Schumn. *How to Help Your Child with Homework.* Minnesota: Free Spirit Publishing, 1997.

Thompson, Thomas. *Most Excellent Differences.* Florida: CAPT, 1996.

社交技巧

法伯和玛兹丽施:《如何说孩子才会听 怎么听孩子才肯说》,中文版,中央编译出版社,2013。

法伯和玛兹丽施:《如何说孩子才能和平相处》,中文版,重庆出版社,2016。

Giannetti, Charlene and Margaret Sagarese. *Cliques: 8 Steps to Help Your Child Survive the Social Jungle.* New York: Broadway Books, 2001.

Greenspan, Stanley and Jacqueline Salmon. *Playground Politics: Understanding the Emotional Life of Your School-Age Child.* Pennsylvania: Perseus, 1993.

Luvmour, Josette and Sambhava Luvmour. *Win-Win Games for All Ages: Cooperative Activities for Building Social Skills.* Canada: New Society Publishers, 2002.

McNamara, Barry and Francine McNamara. *Key to Dealing With Bullies.* New York: Barron's Educational Series, 1997.

Montross, David, Theresa Kane and Robert Ginn. *Career Coaching Your Kids.* California: Davies-Black Publishing, 1977.

Romin, Trevor. *Bullies Are a Pain in the Brain.* Minnesota: Free Spirit Publishing, 1997.

其他

Bruno, Frank. *Conquer Shyness: Understand Your Shyness— and Banish It Forever.* New York: Macmillan, 1997.

Galbraith, Judy and Pamala Espeland. *You Know Your Child Is Gifted When . . . A Beginner's Guide to Life on the Bright Side.* Minnesota: Free Spirit Publishing, 1995.

Nelson, Jane. *Positive Parenting: A Warm, Practical, Step-by-Step Sourcebook for Parents and Teachers.* New York: Ballantine Books, 1987.

Sears, William and Lynda Thompson. *The A.D.D. Book: New Understandings, New Approaches to Parenting Your Child.* New York: Little, Brown & Co, 1998.

Sherlock, Marie. *Living Simply with Children.* New York: Three Rivers Press, 2003.

神经系统科学研究

Brebner, J. "Extraversion and the Psychological Refractory Period."*Personality and Individual Differences.* 1998; 28: 543–551.

Broberg, Anders. "Inhibition and children's experiences of out-ofhome care."Chapter in *Social Withdrawal, Inhibition and Shyness in Childhood.* New Jersey: Lawrence Earlbaum Associates, 1993.

Chi, M.T. "Eliciting Self-Expressions Improves Understanding." *Cognitive Science.* 1994; 18: 439–477.

Curry, Daniel. "The Power of a Leader: Analysis of Introversion as a Good Trait for a Leader."*School Administrator.* 2000; Vol 57: 12 50–55.

Dugatkin, Lee Alan. "Homebody Bees and Bullying Chimps." *Cerebrum.* 2004; 5: 2: 35–50.

Fuster, J.M. *The Prefrontal Cortex: Anatomy, Physiology and Neuropsychology of the Frontal Lobes.* (2nd ed.). New York: Raven Press, 1989.

Golden, Bonnie. *Self-Esteem and Psychological Type: Definitions, Interactions and Expressions.* CAPT, Florida: 1994.

Heerlein, A., et al. "Extraversion/Introversion and Reward and Punishment."*Individual Differences in Children and Adolescents* 1998. Journal of personaliy and Social Psychology. 1994; 67, 319–333.

Henjum, Arnold."Introversion: A Misunderstood 'Individual Difference' Among Students." *Education.* 2001; Vol 101: 1: 39.

Johnson, D., et al. "Cerebral Blood Flow and Personality: A Positron Emission Tomography Study." *American Journal of Psychiatry.* 1999; 156: 252–257.

Lester, David and Diane Berry. "Autonomic Nervous System Balance and Introversion." *Perceptual and Motor Skills.* 1998; 87: 882.

Lieberman, Matthew. "Introversion and Working Memory: Central Executive Differences."*Personality and Social Differences.* 2000; 28: 479–486.

Nussbaum, Michael. "How Introverts Versus Extroverts Approach Small-Group Argumentative Discussions."*The Elementary School Journal.* 2002; v102 i3: 183–199.

Rammsayer, Thomas. "Extraversion and Dopamine: Individual Differences in Response to Change in Dopamine Activity as a Biological Basis of Extraversion."*European Psychologist.* 1998; 3: 37–50.

Scarr, Sandra. "Social Introversion-Extraversion as a Heritable Response."*Child Development.* 1969; 40: 823–832.

Singh, Ramadhar, et al. "Attitudes and Attraction: A Test of Two Hypotheses for the Similarity/Dissimilarity/Asymmetry." *British Journal of Social Psychology.* 1999; 38: 427–443.

Springer, Sally and Georg Deutsch. *Left Brain, Right Brain: Perspectives from Neuroscience.* New York: W.H. Freeman, 1998.

Stelmack, Robert. "Biological Bases of Extroversion: Psychophysiological Evidence." *Journal of Personality.* 1990; 58: 293–311.

Swickert, Rhonda and Kirby Gilliland. "Relationship Between the Brainstem Auditory Evoked Response and Extraversion, Impulsivity and Sociability." *Journal of Research in Personality.* 1998; 32: 314–330.

Thompson, Roy and Arthur Perlini. "Feedback and Self-Efficacy, Arousal, and Performance of Introverts and Extraverts." *Psychological Reports.* 1998; 82:707–716.

Zimmer, Carl. "Looking for Personality in Animals, of All People." *The New York Times.* March 1, 2005.

内向孩子阅读

Bourgeoius, Paulette. The *Franklin the Turtle* Series.

 适合4~8岁孩子，涵盖主题包括当中讲话，交朋友，忘记，害怕，及其他内向孩子日常会遇到的挑战。

Cain, Barbara. *I Don't Know Why... I Guess I'm Shy.* Washington, D. C.: Magination Press, 2000.

 适合4~8岁孩子。书中展示了宠物对害羞或内向孩子的重要性。最后几页是给父母如何引领性格犹豫的孩子的指导。

Farris, Diane. *Type Tales.* Florida: CAPT, 2000.

 适合5~10岁孩子。迷人的故事，精彩的插图，告诉孩子们人的气质各有不同。

Lowery, Lois. *The Giver.* New York: Random House, 2002.

 适合大点的孩子。内向的乔纳斯如何学到关于差异的宝贵功课。

Meiners, Cheri J. The *Learning to Get Along* Series. Minnesota: Free Spirit Publishing.

 该系列适合5~10岁孩子。生动的例证，适合所有种族的孩子阅读。书中有给父母的小建议。针对内向孩子，话题涉及如何加入一个团体，显示关爱行为，尝试新事物，以及应对自己的感受。

Michelle, Lonnie. *How Kids Make Friends . . . Secrets for Making Lots of Friends, No Matter How Shy You Are.* Illinois: Freedom Publishing Co., 1995.

 适合8岁及更大点的孩子。虽然使用了害羞这个名称，但书中提供给父母探讨内向和害羞有何不同的机会。对如何交朋友有很好的建议。

米尔恩，A. A. 小熊维尼系列。

 住在百亩园里的各个角色代表了很多不同的气质。

Montross, David. *Career Coaching for Your Kids.* California: CPP, 2004.

> 为了鼓励探索不同的职业，包括给孩子的练习和给父母的工具包。

MacLachlan, Patricia. *Sarah, Plain and Tall.* New York: Harper Collins, 1987.

> 适合 8~11 岁孩子。最先是一套可爱的图书系列，说的是大草原上一个 安静、混合家庭的故事。

罗琳, J. K.《哈利·波特》系列。

> 利·波特就是一个典型的内向孩子。

Snicket, Lemony. The *Series of Unfortunate Events* Series.

> 有着对知识的渴望和专注的能力，两个年龄较大的波德莱尔孤儿是内向的人。

Wells, Rosemary. The *Edward the Unready* Series.

> 和同龄人相比，爱德华对新体验适应起来有点慢。

Wells, Rosemary. The *Voyage to Bunny Planet* Series.

> 内向的角色学习运用他们内在的资源。

图书在版编目（CIP）数据

内向孩子的潜在优势 /（美）马蒂·奥尔森·兰妮著；
赵曦，刘洋译 . —上海：上海社会科学院出版社，2017
书名原文：The Hidden Gifts of the Introverted
Child：Helping Your Child Thrive in an Extroverted World
ISBN 978-7-5520-1716-8

Ⅰ.①内… Ⅱ.①马…②赵…③刘… Ⅲ.①内倾性
格—通俗读物 Ⅳ.① B848.6-49

中国版本图书馆 CIP 数据核字（2017）第 170042 号

First published in the United States under the title:
THE HIDDEN GIFTS OF THE INTROVERTED CHILD
Copyright © 2005 by Marti Olsen Laney
Published by arrangement with Workman Publishing Company ,New York.

上海市版权局著作权合同登记号：图字 09-2017-469

内向孩子的潜在优势

著　　者：	［美］马蒂·奥尔森·兰妮
译　　者：	赵　曦　刘　洋
责任编辑：	杜颖颖
封面设计：	主语设计
插　　画：	露　露
特约编辑：	陈朝阳
出版发行：	上海社会科学院出版社
	上海市顺昌路 622 号　邮编 200025
	电话总机 021-63315900　销售热线 021-53063735
	http://www.sassp.org.cn　E-mail: sassp@sass.org.cn
印　　刷：	河北鹏润印刷有限公司
开　　本：	710×1000 毫米　1/16 开
印　　张：	18.75
字　　数：	230 千字
版　　次：	2017 年 8 月第 1 版　2018 年 3 月第 2 次印刷

ISBN 978-7-5520-1716-8/B·224　　　　　　　　　　定价：36.80 元

版权所有　翻印必究